核心・〈水俣病〉事件史

富樫《Togashi》 貞夫《Sadao》

石風社

表紙カバー写真表　チッソの廃液タンク
表紙カバー写真裏　チッソ工場（水俣市）
本扉写真　　　　　チッソの八幡残滓プール
以上『水俣病にたいする企業の責任――チッソの不法行為』（水俣病研究会著）より

自分の水俣病を懸命に生きる――「まえがき」にかえて

一九九二〜九三年度に熊本大学法学部で特殊講義「水俣病事件」を開講した。そのとき教材としたのが「週刊読書人」に連載した「水俣病事件」と「続・水俣病事件」だった。三〇年以上も前のもので、二度の政治的解決や、国と熊本県の責任を認めた最高裁判決よりも前の原稿だが、残念なことに水俣病を取り巻く状況は、根本的な部分は何も変わっていない。それどころかさらに複雑になっている。水俣病問題の原点を確認できるこの原稿は、今こそ、もっと広く読まれるべきだという言葉をいただき、書籍化することになった。

数字などは、原則執筆時のままとしたが、読みやすさを考え、構成は一部変更している。連載の前編ともいうべき「水俣病事件」は、一九九二年二月から二〇回にわたって「週刊読書人」に連載したものであり、主として一九六九年以降の水俣病事件史を扱っている。後編の「続・水俣病事件」は、一九九三年三月から三四回にわたって同紙に連載したものだが、これは、水俣病事件史のスタートとなる一九五六年の公式発見から一九六八年ごろまでの事件史を扱っている。「続・水俣病事件」で扱った認定問題は、時間的にはずれて、主に一九七〇年から一九七八年ごろまでの動きを追ったものである。今回は、事件史の流れに従い、「続・水俣病事件」を第1部、「水俣病事件」を第2部とした。

連載中に水俣病一次訴訟判決二〇年の節目を迎えたため、「続・水俣病事件」の三回目は記念集会の報告に充てた。その内容は三〇年過ぎた今にも通じるものなので、「まえがき」にかえて再掲する。

◇

深い危機意識の表れ

今回は、水俣現地から、水俣病判決二〇周年について報告することにしたい。

水俣病の患者・家族がはじめて提起した訴訟に対して熊本地裁の判決が言い渡されたのは、一九七三年三月二〇日のことであった。それからちょうど二〇年になるが、水俣病の問題は、いぜん未解決のままである。

第一次訴訟の判決は、チッソの不法行為をきびしく断罪し、また、長い間、患者の足かせになっていた見舞金契約を無効としたという点で、事件史上、画期的な意義をもつ判決であった。この判決につづく一〇〇日余の直接交渉を通じて、患者・家族は、認定患者の生涯にわたる医療と生活をチッソに補償させる協定を結んだ。

しかし、これを境に、水俣病の歴史は、ふたたび暗転する。

一九七三年秋のオイル・ショックをきっかけとする経済不況によって、「公害の季節」は終り、環境行政がずるずると後退して、水俣病をめぐる状況は一変した。

膨大な数にのぼる未認定患者は、行政上の認定を申請しても、その大半は棄却され、裁判以外にはほとんど救済の道はなくなっている。その裁判でも、患者の認定・補償については「広くうすく」救済という考え方が定着し、一九九三年一月の福岡高裁の和解案でも、一時金は、一〇〇万〜八〇〇万円という低い水準だ。そのような和解でさえ、まだ解決の見通しは立っていない。

一方、水俣現地では、水俣湾の水銀ヘドロ処理事業が生み出した広大な埋立地を整備して、竹林園やイベント広場を作り、その一隅に水俣市の急ごしらえの水俣病資料館が開館した。昨年一一月、この埋立地では、熊本県と水俣市の「環境・創造・みなまた'92」という企画のもとに、「世界竹会議」や「環境国際フォーラム」など数々のイベントが開催され、その間、「環境聖地創造」というキャッチフレーズが街中にあふれた。地域振興の願いを込めて、水俣市を環境問題の発信地として売り出そうということのようだ。

こうした状況のなかで、この三月（一九九三年）、水俣病判決二〇周年を迎えたのである。

判決の日を記念して、旧訴訟派の患者・家族（水俣病互助会）は、水俣市公民館ホールで「『人権と環境』フォーラム」を開いた。旧訴訟派の患者グループがこうした大掛かりな集会を開催するのは、判決後はじめてのことだ。そのこと自体、水俣病の現状に対する主催者たちの深い危機意識の現れである。

集会には、支援者を中心に約一五〇人が参加し、私は、そこで「足尾から水俣へ——もうひとつの日本」と題して基調講演をする機会を与えられた。

胎児性患者の二人

水俣病互助会の代表・田上義春氏は、判決後、チッソ東京本社で行われた直接交渉で患者側の交渉団長を務めた人だが、集会の冒頭で、訴訟派患者が受けてきた苦しみや闘いの経験がいまだに教訓として生かされていない、と語った。

判決で公序良俗違反と断罪された見舞金契約は、水俣市の水俣病資料館に展示されているが、この契約の本質を物語る後半部分（権利放棄条項）が見事に欠落している（患者側の要望を受け、現在は展示され、「のちの裁判で無効とされました」という説明も添えられている）。田上さんは、このことにも強い憤りを表明した。これでは、同じ水俣市が「環境聖地創造」を叫んでも、患者たちにはただ空しく響くだけだ。

現在、和解による解決を求めている多数派の患者グループは、水俣病の「早期全面解決」ということを強調する。それだけではなく、いまや水俣市や水俣市民まで、声を合わせて同じ言葉を口にしている状況だ。田上さんは、そうした言い方に非常に抵抗を感じるという。水俣病は、患者に一生ついてまわる。一瞬たりとも、水俣病から解放されることはない。患者にできることは、ただ自分の水俣病を懸命に生きることだ。だから、患者にとって、水俣病の「全面解決」などということはありえない、と田上さんはいう。

胎児性患者の坂本しのぶさんは、二〇周年の集会にパネラーの一人として出席していた。しのぶさんは、強いライトに照らし出された壇上で、身をよじるようにしてとつとつと自分の思いを語った。水俣病のため、なかなか言葉にできないのだ。残念ながら、その発音はほとんど聞き取れないが、しのぶさんは、こういった。「街がきれいになっても、私の問題は解決しない」と。街がきれいになる。それは、水俣湾の埋立地のことを指しているのだろう。私はそう解釈した。

集会の間、ホールに通じる廊下の長椅子に、ものもいわずにじっと座っている一人の女性がいた。同じ胎児性患者の加賀田清子さんだった。坂本しのぶさんの親しい友人だが、彼女自身は水俣病互助会のメンバーではないので、集会への参加を遠慮したのかもしれない。

清子さんとの会話も大変むずかしいが、彼女は、ポツリと、こんなことをいった。「私は、水俣病になるために生まれてきたわけじゃない」と。

坂本しのぶさんは三六歳、加賀田清子さんは三七歳になる。二人のこれまでの生涯は、そのまま三七年になる水俣病の歴史である。その歴史は、この人たちの心と肉体に深く刻み込まれている。

こうした患者の存在こそ、現在の水保病の問題状況を最も鋭くえぐり出している、と私は思う。

◇

なお、本書では題名のみ〈水俣病〉として、本文は水俣病と表記した。

水俣病という病名は、事件史上いつのまにか使われ出した病名で、きちんとした定義もなく、医学上確立した概念とはいえない。国際的には「メチル水銀中毒」の一つである。

また、水俣病の語はこれまで、国の「判断条件」によって認定された水俣病のこととして使われてきた。複数の症状を必要として、感覚障害だけではほとんど認定されない条件の狭さは今も強く批判されている。同じ家族の中でも個体差が見られたり、一定の期間を経て被害が顕在化したりするといった、健康被害の多様性も国の見解では多くが否定される。被害の発生地域も広範囲なのに一部しか強調されず、強調された水俣出身者は偏見、差別にさらされたことも見逃せない。「新潟水俣病」という二つの地名を冠した病名は奇異としか言いようがない。

こうした様々なことを鑑みて、直近の著書は題名を『〈水俣病〉事件の61年　未解明の現実を見すえて』（二〇一七年、弦書房）として、本文も〈水俣病〉を基本とした。いわゆる水俣病というほどの意味である。

しかし、水俣という地域との結びつきこそ、被害者や支援者は重視し、水俣病という語を積極的に使ってきた。排除したがったのは行政などむしろ加害者側だったのも歴史的事実である。

そうした複雑さもまた、水俣病の歴史そのものである。それに明解な答えを見いだせないまま、悩んできた自らの歩みを率直に表す意味で、本文は約三〇年前の原稿そのままとする原則どおりに水俣病と記した。

水俣市とその周辺地域（昭和30年代）

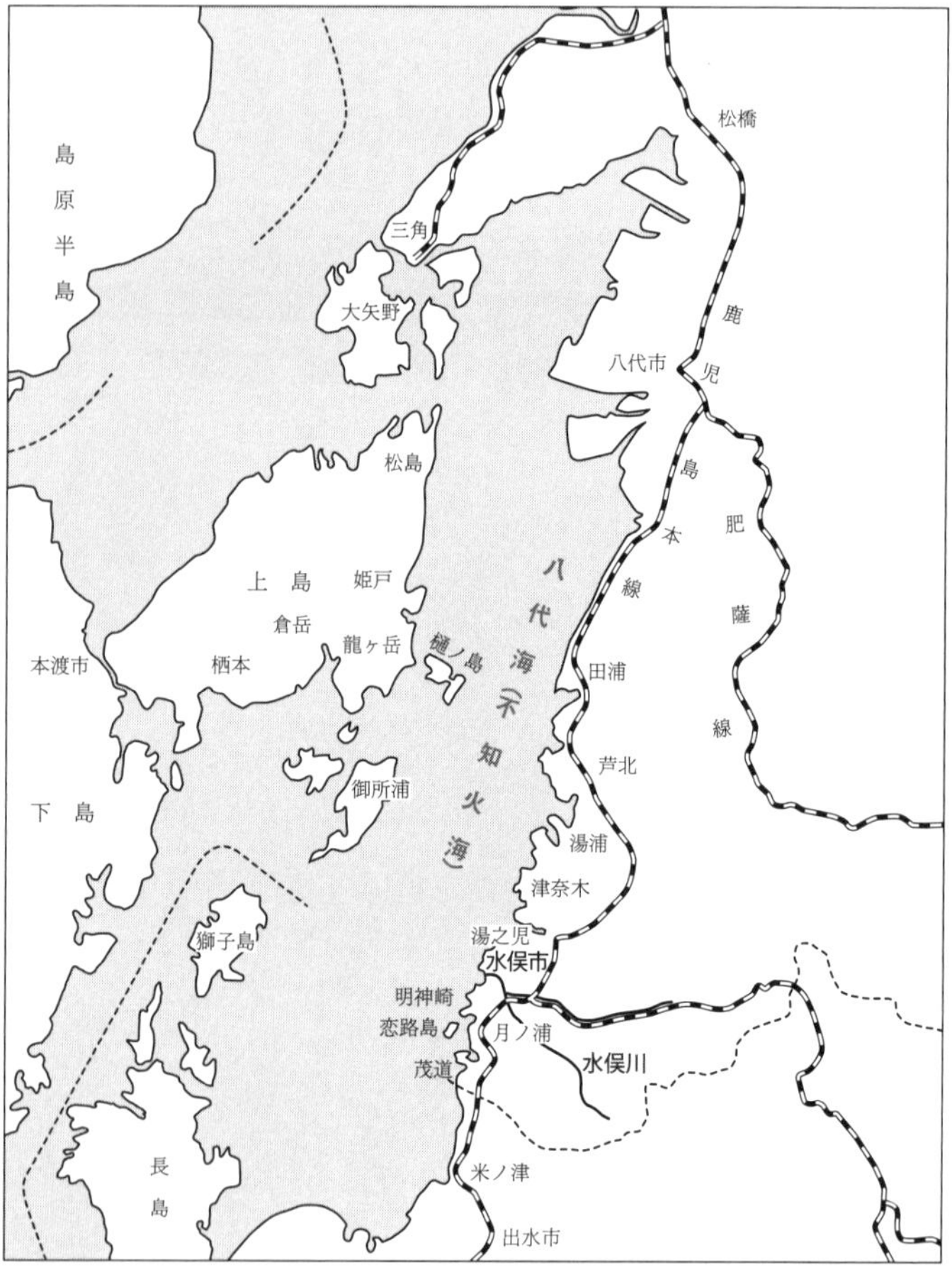

核心・〈水俣病〉事件史◉目次

3 原因究明

4 行政責任

6　国家の責任

関連資料

核心・〈水俣病〉事件史

第１部　水俣病とはなにか

I　水俣病の発見と行政の責任

1　ネコ実験

「月の浦」に重い脳症の幼女
——一九五四年には「魚とりの名人」が発症

水俣病の発見

水俣病は、水俣湾を中心にして、不知火海の豊かな海のなかでじわじわと進行していた環境破壊のいわば終着駅である。

人間が発症するまえに、海や漁村では、すでにいろいろな異変が起きていた。海草の根が切れて海面に浮き、カキが死滅し、魚が自由に泳げなくなるなどの現象がみられ、また、人間と同じ魚を食っていたネコやカラスが異常な行動を示して、つぎつぎに死んでいた。

これらの異変は、水俣病の発生を告げる前触れであった。ここまでくれば、人間に被害が及ぶのはもはや時間の問題であったといってよい。

当初、「奇病」と呼ばれていた水俣病は、水俣市南部の「月の浦」という漁民集落に住む二人の幼女の受診がきっかけとなって発見された。

それは、一九五六年四月下旬のことであった。重い脳症状をもつ二人の姉妹が相次いで新日窒（現在のチッソ）水俣工場附属病院の小児科で診察を受け、ただちに入院した。

五歳十一ヵ月になる姉は、三月下旬から、ご飯を食べるときに箸がうまく使えず、靴も上手にはけなくなった。その後、急速に病状が進行して、言葉がもつれ、歩くとふらふらし、食べ物がのどにつかえるようになった。しだいに夜は寝つけなくなり、ついには狂躁状態を示すようになった。入院後、病状はさらに悪化して、舌を噛んで血を流すほどの全身の痙攣が頻発するようになり、手を固くにぎりしめ、腕や膝を屈曲したまま変形した状態になった。

妹の方も、もう二歳十一ヵ月になるというのに首の座りが悪く、まったく歩くことができなかった。そのうえ、言葉がもつれ、食べ物はうまく飲み込めないため、よくのどにつかえた。受診時には、膝と手の指の痛みも訴えていた。姉にくらべて病状はやや軽いけれども、ほぼ同じ症状である。

日本脳炎の症状にしてはどうもおかしいと感じた小児科医長の野田医師は、さっそく細川一院長に相談した。細川氏は、小児病棟の患者をみた瞬間、はっとした。その症状が、入院後すでに死亡していた二人の患者とあまりにも酷似していたからだ。じつは、二年ほどまえ、細川氏は奇病患者と出会っていたのである。

四例を厚生省に報告

細川医師が診た最初の水俣病患者は、四九歳になるチッソ水俣工場の従業員だったが、会社を休んでまで魚をとりにいくほどの魚好きであった。この患者は、一九五四年六月ごろから手の指と口の周りにしびれ感があり、つづいて歩行障害、言語障害、視力障害、そして難聴の症状があらわれた。入院後の検査で、求心性視野狭窄も認められた。その後、急速に症状が悪化して、八月六日に死亡した。

もう一人の患者は、一九五五年八月に発病した四二歳の女性で、第一例とほとんど同じ経過をたどって、一一月二二日死亡した。この女性の夫も魚とりの名人であった。二例とも、細川医師がこれまでまったく経験したことのない疾患で、その正体はつかめなかった。気になった細川氏は、保健所にいちど調査してみるよう勧めたが、実現しないままに終わった。

このような経過があって、先の幼女二人が来院し、しかも、その母親の話から、近所にも同じような患者のいることが判明した。これらの事実からみて、水俣地方に脳症状を主とする原因不明の新しい疾患が多発している可能性がある。そう確信した細川院長は、一九五六年五月一日、それまでに確認できた四例を正式に保健所に届け出た。水俣奇病の発見は、水俣保健所から熊本県衛生部を経由して厚生省に報告されたことは、いうまでもない。こうして、水俣病は発見され、はじめて公式の場にその姿を現したのである。

触媒のメチル水銀

水俣病が発見された時期は、敗戦から一〇年余りたったころで、戦後の日本は、戦災復旧後、朝鮮戦争による特需景気に便乗しながら経済の復興に成功して、それにつづく高度成長を準備しつつある時期であった。

敗戦の結果、膨大な海外資産のすべてを失ったチッソは、国内に残る水俣工場を唯一の拠点として企業の再建に乗り出した。

戦災を受けた水俣工場の立ち直りは早かった。一九四五年一〇月には早くも化学肥料の生産を再開し、一九四六年にはアセトアルデヒドと合成酢酸の製造も再開した。一九五二年には、塩化ビニールの需要増に対応して、その可塑剤として欠かせないオクタノール（アセトアルデヒドからの誘導品）の工業化に成功し、以後その市場を独占した。

戦後、年産二〇〇〇トン規模からスタートしたアセトアルデヒドの生産は、一九五一年には六〇〇〇トンを越え、一九五五年には一万トンを突破した。その後も生産能力の増強がつづき、水俣病が発見された一九五六年には約一万六〇〇〇トン、一九五九年には三万トンを越え、翌一九六〇年にはじつに四万五〇〇〇トンを超えるまでになった。この急激な生産拡大のテンポは、ほとんど信じがたいほどのものである。

アセトアルデヒドの合成には触媒として水銀を使用するが、のちに明らかになるように、その製造過程から出る廃水には水俣病の原因物質であるメチル水銀が含まれていた。しかし、チッソは、問題の廃水をまったく無処理のまま水俣湾に流しつづけるのである。

細川院長らの現地疫学調査
——狂い死んだ大量のネコと水俣病の関係

深夜まで聞き込み

水俣病が発見され、とりあえず初期の調査が一段落した時点で、当時の関係者は、いったい、どんな事件の輪郭を頭に描いていたのだろうか。

水俣病に関わる者が、その時々においてどのような事件像を頭に描くかによって、その後の調査の方向はもちろん、とるべき対策も当然違ってくるはずだ。その意味で、とりわけ重要なのは、初発の段階から水俣病に深く関わった人たちがこの事件についてどのような〈イメージ〉を抱いたかである。

奇病の発生を保健所に届け出た後、細川院長を中心とする水俣工場附属病院の医師たちは、ただちに調査に乗り出した。水俣病に関する最初の調査である。細川氏はそのころの様子をこう伝えている。

「こうなれば、もう忙しいといっていられる場合ではない。（午後）五時になったら、内科・小児科の医師は互いに仕事のやりくりをつけ、解放された何人かが患者の出た地域を中心に徹底的な聞き込み調査を開始した。

毎日、夜の十一時、十二時まで歩きまわった医師たちは、その足でわたしの社宅にあつまり、その日の聞き込みを整理して報告しあった。」（『今だからいう水俣病の真実』）

調査を始めてみると、当初の予想をはるかに超えて、つぎつぎに患者が発見された。増える一方の患者をどこに収容するか。患者家族の大部分は、入院費を支払える状態にはなかったので、その手当てをどうするか。これらの点は、当時、大きな問題であった。もはや水俣工場附属病院の医師たちの手にはあまる事態であることは明らかだった。そこで、細川氏は、水俣保健所、市立病院、医師会などに働きかけて、「水俣市奇病対策委員会」を結成し、地域の医療機関が協力して患者の収容と原因の調査にあたることになった。

そのころの細川氏は、地域医療のために献身する医師団のリーダーとして、心おきなく調査に打ち込んでいたようにみえる。水俣病の発見直後は、奇病の輪郭さえつかめない状況であったから、工場との関連はまだだれの意識にも上っていない。水俣工場附属病院の院長として工場との板ばさみに苦悩するようになるのは、だいぶ後のことだ。

細川氏は、往診や聞き込み調査で手もとに集まってくる断片的な事実や情報を克明にノートしていった。データがたまってくると、それを整理しては、またノートに書き込む。こうして作り上げたものが、とじ込み式のノートや大学ノートの形で残された十数冊の「細川ノート」である。そこには、調査メモのほかに、患者のカルテ、実験や分析の結果、医学文献の抄録などがびっしりと書き込まれていた。

最初の医学レポート

夏までに発見された患者は約三〇人。細川医師は、これらの症例を整理して報告書を作成し、熊本県衛生部と厚生省に提出した（一九五六年八月）。これは、水俣病に関する最初の医学レポートとして貴重なものだ。報告書自体は簡潔な内容だが、臨床症状としては、「まず四肢末端のじんじんする感があり、次いで、ものがにぎれない、ボタンがかけられない、歩くと、つまずく、走れない、甘ったれたような言葉になる。また、しばしば眼が見えにくい、耳が遠い、食物がのみこみにくい」と比較的くわしく記されている。このほか、患者が漁民家族に多いことや患者発生地区のネコが大部分死亡していることも指摘している。

細川医師らは、その後、一九五六年末までに調査した五四例をもとに、「水俣奇病に関する調査」と題するレポートをまとめた（一九五七年一月）。この小論文は、前年八月の報告書を基礎にして、その記述をよりくわしく、また正確にしたものだといってよい。臨床症状は、一一項目に分けてくわしく記述し、疫学的事項の記載も詳細になっている。とくに、ネコとの関係や魚との関係がくわしく、その後の調査の進展をうかがわせるに十分な内容だ。細川氏らの現地疫学調査の見事な成果である。のちに、新潟水俣病の専門家である白川健一氏（神経内科学）は、細川医師の研究を水俣病研究の第一頁を飾るにふさわしいすぐれたものとして、高く評価した。

細川氏は、早くから水俣病とネコとの関係に注目していた。細川ノートをみると、一九五六年秋から五七年春にかけて、水俣湾周辺の漁民集落を中心に精力的にネコについての聞き込み調査をしている。月の浦・湯堂・茂道といった患者多発地区のネコは、一九五四年から五五年にかけて人間によく似た症状を呈して大量に死んでいた。けいれん発作を起こして海に飛び込んで死んだネコも少なくない。

水俣湾周辺のネコの死亡は、一九五六年以降も散発的につづいていた。一九五七年には、水俣市の北部、津奈木村平国で九匹のネコが死んだという報告が入った。そして、一九五九年に入ると、不知火海の対岸に当たる御所浦町や獅子島の幣串《へぐし》、さらには水俣市の南に位置する鹿児島県出水市米ノ津からもネコが死んでいるという情報が細川氏のもとに届くようになる。これは、水俣病の被害が湾外へと確実に広がりつつあることを示す徴候である。

このように調査が進むにつれて、細川氏の頭のなかに水俣病事件についてしだいに明確なイメージが形づくられていったことはまちがいない。

発見者の一人保健所長の実験
——一九五五年、奇病発生を告げる投書

水俣病発見前夜

一般には、ほとんど知られていないが、細川一氏と並んで、水俣病の発見前後からこの事件と深い関わりをもった人物がいる。元水俣保健所長の伊藤蓮雄氏である。

水俣病の発見者と称する人は何人もいるが、伊藤氏もその一人である。

伊藤氏が水俣保健所長となったのは、一九五四年一二月。四三歳のときである。それから一九六三年七月まで保健所長をつとめた。

赴任するにあたって、自分が水俣病という重大な事件に出会うことになるとは想像もしていなかった。伊藤氏が水俣で過ごした八年余りは、水俣病の発見前夜から始まり、長い原因究明の過程をへて、ついに水俣工場の製造工程からメチル水銀が検出されるまでの重要な時期と重なっている。その間、熊本県衛生部の現地責任者として水俣病の対策に明け暮れた。

こうして、水俣病事件との出合いは、やがて氏の生涯のなかでも最も印象深い体験として刻印されていくのである。

一九五五年のことだった。保健所に一通の投書が舞い込んだ。それは、水俣工場の排水口のある百間集落に奇妙な病人が出ているから調べてくれというものだった。伊藤氏は、さっそくその投書をもって、水俣工場附属病院に細川院長を訪ねた。

細川医師は、すでにその女性患者を診ていた。どういう病気なのか見当がつかないので、熊本大学医学部の教授に診てもらったが、ヒステリーではないかという程度の頼りない話であった。結局、投書の一件は、そのままになった。のちに判明したことだが、その患者は水俣病だった。伊藤氏は、じつはこのとき水俣病と出合っていたのだ。

しかし、保健所長として本格的に水俣病に取り組むのは、一九五六年五月一日、水俣病の発生が公式に確認されてからである。

漁民と家族に集中

伊藤氏は、いくつかの問題を早急に解決する必要に迫られた。最初に出てきたのは、奇病患者をどこに収容するかという問題であった。とりあえず日本脳炎の疑いありということにして、附属病院などに入院中の患者を一時的に市の伝染病舎に移すことにした。伝染病舎への収容は、あくまでも応急的な措置であったが、このことが水俣病患者に対する差別を生む一因となったことは否定できない。

患者が発生した地区の開業医の話では、同じような病気にかかったり、すでに亡くなっている者がほかに何人もいるという。当面の対策を立てるためにも、患者の発生状況を正確につかむ必要があった。細川医師を中心とする附属病院の医師たちは、すでに精力的に聞き込み調査を始めていた。それと並行して、医師会の会員たちも協力してカルテなどを調査することになった。

五月末には、水俣市奇病対策委員会が発足し、伊藤氏がその委員長になった。

調査の結果、つぎつぎに患者が発見された。それをリストアップしてみると、奇病患者は漁民とその家族に集中していることが分かった。しかし、いぜんとして奇病の正体もその原因も分からない。

ことの重大さを知った伊藤氏は、奇病対策委員会に諮《はか》って、熊本大学医学部に調査を依頼することにした。大学病院には、学用患者の制度があり、患者を伝染病舎からそこに移すことも可能になった。こうして、熊本大学医学部に、水俣病研究班が組織され、本格的な調査が開始されることになった。

史上最初のネコ実験

患者発生地区では、水俣病の発見に先だって、まずネコが奇妙な病気にかかり、大量に死ぬという現象が起きていた。病死したネコを解剖してみると、人間とまったく同じ病変が見つかった。人間もネコも、同じ魚を食っている以上、魚が共通の原因だろうという見当はつく。ネコ実験で発症が確認できれば、魚が原因だということが科学的に証明されたことになる。

魚の問題は、水俣病の拡大を防止するためにも、できるだけ早く結論を出す必要があった。大学の各研究室でも、ネコ実験に取り組んでいたが、ネコの飼育方法などに問題があって、なかなか成功しなかった。

実験がうまくいかず、困っていた熊本大学医学部の武内忠男教授（病理学）から、ある日、伊藤氏に現地で実験してみてくれないかという依頼があった。伊藤氏は、保健所長として多忙な仕事があり、そういう実験までは手がまわらないと固辞したが、重ねて懇請され、しぶしぶ引き受けることになった。

こうして始まった伊藤氏の実験は、水俣病研究史上最初に成功したネコ実験となった。

伊藤氏は、保健所の一室を実験室に当て、それを三つに仕切ってネコを飼った。実験用のネコは、人吉と水俣の山間部から取り寄せたものだ。そのネコに、水俣湾でとった魚を食わせたが、ネコの世話は、当時小学生だった伊藤氏の息子の仕事になった。息子は、毎日、かわいがってネコの世話をしたので、よくなつくようになった。

何日かたった日の朝、目をギラギラさせながら、息子が走ってきた。

「ネコが一匹発病しているよ。」

「水俣湾の漁獲禁止」の結論
――汚染は河口周辺から湾全体に広がる

実験で発症を裏づけ

伊藤保健所長のネコ実験は、一九五七年三月から七月にかけて行われた。実験に使ったネコは七匹、そのうちの五匹がつぎつぎに発症した。

いずれも典型的な水俣病であった。

第一例のネコは、体重一・五キログラムのメスだったが、三月二八日から二日間、水俣湾でとれたイリコ（煮干し）をまず一握りだけ与えて様子をみ、絶食の後、四月一日から大量のイリコを与えて食べさせたところ、四月三日には元気がなくなり、食欲もほとんどなくなった。翌四日には、よだれをダラダラ流して、うずくまり、最初のけいれん発作を起こした。その後も発作を繰り返し、四月六日に死亡。

このネコは、実験開始からわずか一週間でけいれん発作を起こし、一〇日後には死亡したことになる。その激烈な経過は、いまなお私たちを慄然とさせる。

残りの四例は、主として水俣湾でとれた生の魚介類を投与した実験だが、経過の長いものでも実験開始から四〇日以内に確実に発症した。当時、水俣湾に生息していた魚は、それほどすさまじい毒性をもっていたということだ。

伊藤氏は、熊大の武内教室（病理学）の協力を得ながら、以上五例の臨床・病理の所見を整理し、「水俣湾で獲れた魚介類投与による猫の実験的水俣病発症について」と題する論文にして発表した（熊本医学会雑誌三一巻補冊第二、一九五七年）。

水俣病と魚との関連は、早くから注目されていたことだ。まず、細川医師らの調査報告がその点を指摘していたし、一九五六年一一月に開かれた熊大研究班の第一回研究報告会、また翌年一月に開かれた厚生省の厚生科学研究班の第一回研究報告会でも、水俣病は魚介類の媒介によるものと指摘されていた。

熊大研究班は、一九五七年二月に開かれた第二回研究報告会では、被害の拡大を食い止めるためには水俣湾内の漁獲を禁止する必要があるとの結論を出した。

伊藤氏のネコ実験は、こうした指摘の正しさを実験的に裏づけたことになる。

第一例のネコが発症したとき、伊藤氏はただちに細川医師にも連絡した。細川氏はさっそく飛んできて、水俣病であることを確認した。そして、「ついに成功したね。これで一応片がつきますよ」といった。伊藤氏自身も、魚が原因だという科学的な証拠ができた以上、これで問題は解決できると考えていた。

魚屋がつるし上げ

水俣病を引き起こす毒物が何であろうと、とにかく有毒化した魚介類が原因で水俣病が起こるということが証明された。そうだとすれば、水俣湾の魚を食べないようにすれば、水俣病は防止できるはずだ。伊藤・細川両氏とも、これで問題解決の道筋がみえてきた、と考えたのは無理もないし、そうした判断自体は正しかった。

しかし、水俣病の問題は、二人が考えていたほど単純なものではなかった。

たとえば、まず、だれの責任において漁獲を禁止し、また魚の摂食を禁止するかが問題になる。そもそも、長年、魚に依存してきた生活をいっぺんに変えられるものかどうか。また、魚の捕獲や販売を禁止した場合に、それで生計を立てている人々の生活は、いったい、だれが補償するのか。

じじつ、伊藤氏は、保健所長として、魚が売れなくなって困った魚屋からつるし上げを食う羽目になったし、なによりも、行政の力で魚の捕獲や販売を禁止することがいかに困難であるか後に身をもって体験することになる。

テープ二本に遺言

ところで、伊藤氏は、一九五六年から五九年にかけて、事件全体についてどのようなイメージを抱いていたのだろう。

伊藤氏は、附属病院の細川院長とはたえず接触して意見や情報の交換をしていた。また、水俣地方の医師会は、伊藤氏にとって最も信頼できる情報網として働いていた。伊藤氏のもとには、新しい患者の発生はもちろん、ネコの死亡や魚の異変にいたるまで、つぎつぎに情報が寄せられた。その意味では、伊藤氏は細川医師と並んで、事件全体の動きを最も的確に判断できる位置にいたといっても過言ではない。

たとえば、一九五七年三月、水俣市の北方に隣接する津奈木村平国でネコが狂死したという報告が入る。伊藤氏は、ただちに現地に足を運んで調査した。その結果、ネコに与えた魚は、地元の漁場でとったものではなく、水俣湾の近辺で漁獲したものと分かった。そう確認した伊藤氏は、一応安堵して水俣に帰った。それほど、湾外への汚染の広がりと被害の拡大に神経をとがらせていたということでもある。

しかし、一九五九年に入ると、水俣病の被害は、水俣川河口周辺から津奈木へと拡大していったが、事件の処理は、もはや一保健所長の手の届かないところで進行していた。

一九六一年一月、伊藤氏は自分の毛髪水銀値を調べてもらった。三八・八ｐｐｍという高い数値であった（当時の日本人の平均値は五ｐｐｍ）。

伊藤氏は、一九九一年八月一三日、八〇歳で世を去ったが、死を目前にした五月末、孫娘を前にして水俣病の話をした。それを自ら録音したテープ二本が伊藤蓮雄氏の遺言になった。

2 有機水銀説

十字砲火をあびた「有機水銀説」
——熊本大学医学部「水俣病研究班」の見解

一九五六年に発足

海や川の環境汚染を背景として発生した有機水銀中毒事件としては、水俣病が世界最初のケースであり、この未知の疾患の病像と発生のメカニズムを解明することはきわめて困難な作業であった。しかし、被害の拡大を食い止めるためにも、その解明は急がなければならなかった。

一九五六年八月、熊本県は、水俣市の奇病対策委員会の要請を受けて、熊本大学医学部に水俣病の原因究明について正式に研究を委託した。こうして、熊大医学部に「水俣病研究班」が発足し、原因究明の主役を引き受けることになった。

研究班には、基礎医学から、公衆衛生学（喜多村教授）、第二病理学（武内教授）、衛生学（入鹿山教授）、薬理学（尾崎・瀬辺両教授）、生化学（内田教授）、法医学（世良教授）、また、臨床部門からは、第一内科学（勝木・河盛・徳臣各教授）、小児科学（長野・貴田両教授）、神経精神医学（宮

川教授）、耳鼻科学（野坂教授）などの各教室が参加した。それは、ほとんど医学部の総力を結集した布陣といってよい。

熊本県の要請に基づいて発足した熊大研究班は、当然のことながら、被害の拡大を防止するために一刻も早く水俣病の原因を解明しなければならないという実践的な任務を背負わされていた。被害の拡大防止のために必要ならば、その都度、適切な社会的発言も求められていたことはいうまでもない。

その意味で、水俣病研究班は、通常、大学内で組織される自由な研究グループとはまったく性格の異なる研究組織であったといえる。

研究の課題も、基本的には、外から与えられたものであった。もちろん、研究班が取り組むべき課題は、その時々の問題状況によって変わり得るし、また、変える必要もあるが、その大枠は、すでに研究班の発足に際して与えられていた。

水俣病の原因究明という課題は、それ自体、社会的な性格をもっている。水俣病の原因が解明されれば、それに応じて、原因企業と行政庁は、排水規制や被害補償などの具体的な対応を迫られることになるからだ。

そうした具体策を極力避けたいと思う者にとっては、原因の早期解明はむしろ有難迷惑である。場合によっては、研究を妨害してでも、原因の解明を遅らせようとするだろう。

その意味で、水俣病の原因究明という作業は、純粋にアカデミックな次元にとどまることのできない研究であって、その時々の社会的、政治的な環境のなかで遂行されなければならないという宿命を背負っていた。

熊大研究班のメンバーがそのことを痛切な思いで体験させられるのは、一九五九年七月、有機水銀説を発表した後である。社会的な視点でみると、水俣病の原因究明をめぐる状況は、これを境に一変するのである。

膨大な実験で裏づけ

研究班が有機水銀説にたどりつくまでの歩みは、決して平坦なものではなかった。水俣病がある種の重金属中毒だということは、比較的早い段階で判明したが、問題の毒物を割り出す作業は困難をきわめた。研究班のメンバーは、何度も試行錯誤をくりかえしながら、ようやくそれが有機水銀であることを突き止めた。

しかも、有機水銀説を発表するまでに、疫学、臨床、病理の各分野で十分証拠固めを行なった。その意味では、熊大研究班の有機水銀説は、一片の仮説ではなく、実証的に裏づけられた見解であった。

しかし、有機水銀説は、その発表直後から十字砲火に等しい激しい反論に見舞われた。有機水銀説は化学常識に反するとか、敗戦直後、海軍が水俣湾に投棄した爆弾が原因であるとか（爆薬説）、また、水俣湾の汚染は、他の水域と比較して特別ひどいとはいえないとかの反論だ。ついには、有毒アミン説という珍妙な反論さえ現れる始末だ。

熊大研究班の原因究明の歩みをみる限り、班を構成する各教室が一致して有機水銀説に到達したわけではない。有機水銀説の発表後も、ある教室はタリウム説にこだわり、またある教室はセレンに執着するといった具合だ。

研究班のメンバーは、膨大な数の報告や論文を書いているが、それらをみると、同じような毒物の投与実験が各教室で重複して行われている。研究班の研究態勢は、共同研究というにはほど遠い状況であったといえよう。

そうした状況のなかで、いち早く有機水銀に着目し、班全体をリードしていったのは、病理学の武内教授であった。

水俣病研究班は、一九六六年三月、それまでの調査研究を総括し、『水俣病――有機水銀中毒に関する研究』という一書にまとめて刊行した。赤い表紙にちなんで、通称「赤本」と呼ばれる書物だ。

熊大医学部は、前年に新潟水俣病が発生したという状況のもとで、厚生省からの強い要請に基づき本書の刊行に踏み切った。もし新潟水俣病が発生しなければ、本書の刊行はなく、熊大研究班の研究が見直されることもなかったかもしれない。その意味では、「赤本」の刊行は一つの不幸な出来事といってよいと思う。

剖検で特異な脳障害を発見
――熊大武内教室の「有機水銀説」への歩み

熊大研究班が有機水銀説にたどりつくまでの歩みは、それ自体、興味のつきない物語である。研究班のなかで原因究明の主役を担ったのは、病理学の武内教室である。その足取りを追ってみよう。

中毒性の脳疾患

病理学の任務は、病理解剖の方法によって不明疾患の実態を解明し、その原因を追究することにある。武内教室では、まず、一九五六年四月以降に発病し、同年一〇月までに死亡した四人の患者について病理解剖を行なった。水俣病に関する最初の剖検例である。

四人の剖検所見から、いずれも中枢神経系に重大な障害のあることが明らかになった。とくに脳の障害がひどく、脳循環系の障害と並んで、大脳皮質、小脳皮質および間脳における神経細胞の変性、消失などの障害が著しい。しかし、こうした急性劇症型のケースは、脳全体に多彩な急性変化が目立ち、慢性経過例と比べると水俣病に特異的な病変がかえって把握しにくという面があったようだ。

武内教室の研究報告第一報（熊医会誌三一巻補冊第一）をみると、「中枢神経系統を侵す毒物と病変」と題する表を掲げて、金属、非金属を問わず、およそ考えられるかぎりの毒物をあげて、それらの毒物がひき起こす病変と剖検所見とを比較検討している。その結果、水俣病は中毒性の脳症で、その毒物としては化学物質が考えられるという一応の結論に達した。

その後、武内教室では、現地で自然発症したネコとカラス・海鳥などの鳥類を病理解剖し、これらの動物にも人の水俣病とまったく同様の病変を見出したが、とくに、動物の水俣病では、小脳皮質の顆粒細胞の脱落という特異な病変をはっきりと確認できた点が重要だろう。

水俣湾岸に住む人と動物を結びつけるものといえば、魚介類が最も可能性が高い。しかも人とネコなどに共通の病変をひき起こす毒物は、医学の常識として化学物質しか考えられない。

まずマウスで実験

つぎのステップは、毒性をもつと思われる水俣湾産の魚で動物が発症するかどうかを確認することであった。動物実験は、まずマウスを使って始めた。水俣湾産の魚とエビを煮て乾燥したものをマウスに投与したところ、水俣病と同じ症状を呈し、病理的にも、主として大脳・小脳皮質の神経細胞が障害される中毒性脳症であることが分かった。

ネコ実験については、さきに述べたとおり、水俣保健所長の伊藤蓮雄氏に依頼した。ネコでも、同じ結果が得られたことはいうまでもない。

こうして、武内教室でも、水俣湾産の魚を汚染し、水俣病をひき起こす原因物質は何かを究明する段階になった。すでに一九五六年から五七年にかけて、マンガン、セレン、タリウムなどの重金属が原因物質として取り沙汰されていた。

まず、マンガン化合物をネコに投与しても、水俣病と一致する症状が出ないし、病理的にも小脳皮質の顆粒細胞の脱落などの特異的な病変が見当たらない。こうした結果から、マンガン中毒説は比較的早く姿を消した。

セレン中毒説とタリウム中毒説は、それを頑強に主張する教室があったため、研究班の内部では最後まで有力な説として残った。そして、このことは後々まで尾を引くことになる。

しかし、武内教室では、動物実験の結果、いずれの説も否定された。セレンについては、そもそも牛の中毒例はあっても人体の中毒例がなく、セレン化合物をネコに投与しても、脳の病変が生じない。また、タリウムでは、小脳皮質の顆粒細胞の脱落をひき起こすことができないからだ。

世界で一例の報告

武内氏が水銀に着目したのは、意外に早く、一九五七年初頭のことであった。そのころ、水俣病の原因物質としては、主としてマンガン、セレン、タリウムが疑われていた時期である。しかし、セレン説などの応接に追われ、水銀に焦点を絞った研究ができないまま一年が過ぎた。

一九五八年に入って、武内教室では、四例の慢性経過例の病理解剖を実施した。その剖検所見から、水俣病に特異的な病変を明確に確認することができた。問題は、このような病理所見と水銀とをどう結びつけるかだ。

その年の半ばごろのことであった。武内氏は、ドイツの著明な神経病理学シリーズのうち、中毒の項を含む一冊が発刊されたばかりであることを知った。さっそく注文して入手してみると、編者のペンチェフがハンター＝ラッセルのメチル水銀中毒とその死亡例の病理所見を詳細に記載していた。

一九五四年にハンター＝ラッセルが初めて報告したメチル水銀中毒の病理所見は、当時、世界にただ一例だけの貴重なものであった。これを読んだ武内氏は、まるで慢性経過例の水俣病の剖検所見をそのまま書いたのではないかと思われるほど、両者のそれは一致していた。これだ、と確信した武内氏は、一九五八年半ば過ぎから、有機水銀に的を絞って精力的に研究をすすめていった。

出揃った「有機水銀説」の証拠
——多彩な分布示す水俣病の病理像を確立

病理と臨床の一致

水俣病が有機水銀中毒であることを証明するためには、その病理所見がハンター＝ラッセルの中毒例と一致するというだけでは十分ではない。

病理所見に加えて、臨床所見も一致するのかどうか。有機水銀が原因なら、患者の臓器内に有機水銀が存在しているはずだが、それは証明できるのかどうか。水俣湾産の魚介類や海底の泥土から、はたして有機水銀が検出できるかどうか。

また、なんとか有機水銀を入手して、ネコ実験により有機水銀中毒を再現できるかどうかも確かめなければならない。

武内氏のまえには、こうした課題が山積みされていた。その全部を病理学教室で解決することは到底不可能なことだ。武内氏は、他の教室に協力を呼び掛けた。まず、第一内科教室には、水銀に焦点を合わせてカルテを洗い直し、臨床所見をもういちど整理してみてほしいと頼んだ。

公衆衛生学教室には、病理解剖した患者の臓器中に含まれる水銀を定量分析してくれるよう依頼した。しかし、当時、公衆衛生学の教室には水銀を分析できる者はいなかったので、若い教室員を急いで薬学部に派遣し、数ヵ月かけて水銀分析の技術を修得させる必要があった。当時は、無機と有機を含む総水銀の分析法しかなく、有機水銀の分析はまだできなかった。

公衆衛生の教室で水銀の分析ができるようになって、剖検例の臓器中に含まれる水銀量を測定してみると、腎、肝、脳の各臓器から異常に高い水銀値が検出された。

武内氏は、実験に使うメチル水銀化合物を探してみたが、なかなか見つからなかった。結局、薬学部から同じアルキル水銀に属するエチル水銀化合物を分けてもらって、ネコへの投与実験を始めた。この実験で、ネコに水俣病と同じような運動失調、発作性けいれんなどの症状が現れ、脳に特異的な病変を起こしていた。

高い水銀値のヘドロ

一方、第一内科では、ペンチェフのいう三つの主要症状（運動失調・求心性視野狭窄・構音障害）に着目してカルテを洗い直してみると、これらの症状は、いずれも必発といってよいほど高率に発現していることが分かった。

また、公衆衛生学教室の測定では、水俣湾産の魚介類から多量の水銀が検出され、百間排水口の泥土（ヘドロ）からは、最高二〇一〇ｐｐｍという信じられないような高い水銀値が検出された。それほど湾内は水銀で濃厚に汚染されていたのである。

以上の証拠が出そろったところで、一九五九年七月一四日、研究班内部の報告会が開かれ、そこで、武内氏は、有機水銀説の根拠についてくわしく報告した。じつは、タリウムを投与したネコ実験でも有機水銀中毒に類似した運動失調などの症状が出ていた。「主として病理学的にみた水俣病の原因についての観察」と題する報告要旨で、有機水銀中毒とタリウム中毒の病理所見のちがいを力説したのは、それが念頭にあったからだ。

水俣病の症例は、臨床症状も病理所見もきわめて多彩であり、個体間のバラツキも少なくないので、その特徴をつかむのは容易ではなかった。当時、判断の決め手になったのは、ハンター＝ラッセルによるメチル水銀中毒の報告例であり、とりわけペンチェフがそこから導き出した三つの主要症状であった。

四三三例の病理解剖

研究班には、タリウム説やセレン説を主張してゆずらない人たちがいたので、有機水銀説をめぐって激しい議論が行われた。この時点で、明確に有機水銀説を支持したのは、病理学の武内氏と第一内科の徳臣晴比古氏ぐらいで、研究班のなかではむしろ少数派であった。結局、熊本大学の学長で厚生省の食品衛生調査会水俣食中毒特別部会の代表でもあった鰐淵健之の公平な裁定により、ようやく有機水銀説をもって熊大研究班の結論とすることに決まった。

一週間後の七月二二日、研究班は、熊本県や地元水俣市の関係者らを招いて、公式に有機水銀説を発表した。その後、これが複雑な波紋を描くことになるとは、班員のだれひとり予想しなかったにちがいない。

それはともかく、水俣病の病理所見をまとめ、有機水銀がその原因であることを突き止めれば、さしあたり病理学的な研究の大半は終ったといってよい。原因物質である有機水銀がどこから流出したかを究明するのは、もはや病理学の仕事ではないからだ。

ただ、一九五九年末までに武内教室で病理解剖できたのは、まだ比較的少数にとどまり、しかも主要症状のそろった症例が主であった。水俣病の病理としては、これらの剖検例をもとにした所見だけでは明らかに不十分である。

武内氏に残された課題は、未解決の胎児性水俣病の病理を含めて、重症例から軽症例まで症状の程度もさまざまなら、典型的なものから不全型といわれるものまで、多彩な分布を示している水俣病の包括的な病理像を確立することであった。

武内氏の研究は、七八歳まで営々と続けられた。これまでに手掛けた水俣病の病理解剖は四三三例という膨大な数にのぼる。一つの病気で、これほどの剖検例があること自体、驚嘆に値するが、水俣病像の真実もこのなかにしかないと思われる。

臨床から「有機水銀説」を証明
——熊本と新潟の臨床像に大きな食い違い

第一内科の研究報告

集団的に発生した不明疾患の正体を突き止めるには、臨床、病理および疫学の三つの角度から解明するというのが医学の常識だ。

熊大研究班のなかで水俣病の臨床的研究を担当した教室は、第一内科、神経精神科および小児科の各教室だが、病理学の武内教室とともにいち早く有機水銀説を支持したのは第一内科であった。

しかし、この教室の有機水銀説に至るまでの歩みは、武内教室とはかなり趣を異にする。

第一内科の研究報告は、第一報（一九五七年一月）から第五報（一九六〇年三月）まで出ている（熊本医会誌三一巻補冊一、同巻補冊三、三三巻補冊三、三四巻補冊三）。

第四報までの内容をみると、全部で三四人の患者についての詳細な症例報告が中心であり、原因物質割り出しのためのネコ実験の報告がこれに続く。第一内科では、当初から原因物質としてマンガンを疑い、それをネコに投与する実験を繰り返していた。ところが、第五報では、突如、有機水銀説が登場するのである。このようなことは、武内氏の示唆がなければ考えられないことだ。

第一報では、最初の八例について報告している。その臨床所見をみると、手指をはじめ四肢末端のしびれ感や口唇とその周囲のしびれ感から始まり、ふらふらした失調性の歩行、長くひっぱり、もつれるような話し方（構音障害）、箸を持ったり、ボタンを掛けたりする日常動作の不自由、難聴、求心性視野狭窄、手のふるえ、とくに企図振戦、知覚鈍麻、精神症状など、じつに多彩な症状が記載されている。しかも、これらの症状は、どの患者にもほとんど共通して発現している。

とくに目立つのは、重症で測定不能とされた者を除いて、求心性視野狭窄が必発していることだ。この点は、診察に当たった第一内科の医師たちに強烈な印象を与えたようで、しだいに診断上重要な所見と考えられるようになった。

有毒地域は北方に

第四報では、一九五九年に新たに発症した一〇人について報告しているが、患者の示す症状は似たようなものであり、「従来の記載につけ加えるべきものは一つもない。」ただ、後に問題になる感覚障害（知覚障害）が一〇例全部に認められていることは見逃せない。

また、ここで報告された一〇人のなかには、水俣川河口周辺の住民、さらにその北方に位置する津奈木と湯浦の住民が含まれていた。そのため、「有毒地域が著明に北方に向かって拡大してきたことが注目される」と述べているが、これは大変重要な指摘だと思う。

「水俣病に関する研究――臨床的及び実験的研究より見た本病の原因について」と題する第五報は、第一内科の教室としては、はじめて有機水銀説に言及し、その根拠を明らかにしたものだ。報告の内容は、臨床症状の発現頻度、尿中水銀量、水銀の組織化学的証明、エチル燐酸水銀の投与実験などからなっている。

このなかで、内科学的に重要なのは臨床症状の発現頻度で、これまでに観察した三四例に認められる各症状の発現頻度をパーセントで現わしたものだ。たとえば、求心性視野狭窄一〇〇パーセント、知覚（感覚）障害一〇〇パーセント、言語（構音）障害八八・二パーセント、聴力障害八五・三パーセント、歩行障害八二・三パーセントなどとなっている。

以上の発現頻度からみて、求心性視野狭窄、難聴、運動失調（構音障害を含む）、振戦、知覚障害などを水俣病の主要症状とし、これらの症状は、ハンター＝ラッセルの有機水銀中毒の症状とまったく一致するという結論に達した。

徳臣氏を中心とする第一内科教室は、研究班のなかで臨床医学の面から有機水銀説を証明することにより、原因究明において重要な役割を果たした。この点は評価してよい。

わずか三四例を基礎に

この教室の不幸は、わずか三四例のケースを基礎にして水俣病の臨床像を作り上げてしまったことだ。しかも、この三四例は、いずれも重症で、主要な症状のそろった典型的な例ばかりだ。こうしたデータの偏りは、当然のことながら現実の水俣病とはかけ離れた病像論を生み出すことになる。

一九六五年に新潟水俣病の発生が確認された後、同じ水俣病でありながら、熊本と新潟の臨床像に大きな食い違いが生じていることが問題になった。新潟では、水俣病の症状として、感覚障害と運動失調が重視されたのに対して、熊本では、求心性視野狭窄がことのほか重視されていたからである。

新潟では、かなり徹底した臨床疫学的な調査をもとにして、熊本では切り捨てられていた軽症例や不全型までリストアップして臨床像を作り上げたので、両者の食い違いは当然の結果であったといえる。

一九六九年の日本神経学会で、この問題をめぐって討論が行われた際、徳臣氏は、一九五九年当時は原因究明が主な課題であったので、ある程度クライテリアのそろった症状だけを拾い出し、抹消神経の症状は重視しなかった、と述べている。

第一内科の臨床的研究が三四例で終わったのは論外としても、有機水銀説を根拠づけるために、ペンチェフの図式を当てはめるのに急で、せっかくの実証的データを軽視してしまったことは否定できないし、認定問題にも悪い影響を及ぼした。

3 原因究明

汚染地域の疫学調査の問題点
――科学的合理性を欠いた公衆衛生学教室

患者多発地域に限定

水俣湾から始まった水銀汚染は、しだいに湾外へと広がり、一九五九年ごろから不知火海沿岸の各地で狂い死にしたネコが発見された。

それまでの経験から、ネコが発症した地域では、同じ魚を食べる人間にも水俣病が発生する危険性が高い。当時、そうした危険な汚染地域に住む人びとは、不知火海一帯で一五、六万人に達していた。そのうち、日常、魚介類を多量に摂食する漁民家族は、おおよそ一万人はいたといわれる。

この人たちの健康状態がどうであったかは、大変気になるところだが、それを知るためのデータはほとんどないのである。

熊大研究班で疫学調査を担当したのは、喜多村正次氏を代表とする公衆衛生学教室であるが、調査の対象は、終始、水俣湾周辺の患者多発地区に限られていた。

この教室の研究は、疫学調査、動物実験および化学毒物検索の三つに分かれる。ここでは、疫学調査と動物実験について、簡単にみておこう。

最初の疫学調査は、一九五六年九月以降に実施したもので、すでに患者が多発していた月の浦、湯堂、出月など、主として漁民集落を対象として、年次別・月別患者発生状況、患者の地理的分布、家族集積率、患者世帯の職業分布、漁獲の方法と魚介類の摂取状況などについて基礎的な調査をしている。ここには、ネコの死亡状況についての調査も入っている（熊本医会誌三一巻補冊一）。

調査データは、細川氏らのレポートとかなり重複しており、水俣保健所などから提供されたものが少なくないようだ。

調査の手法は、患者世帯四〇戸を選び、それに隣接する非患者世帯六八戸を対照（コントロール）として比較するというものだ。

ネコの死亡状況についてみると、患者世帯では飼育していたネコ六一匹のうち五〇匹が死亡したのに対して、非患者世帯では六〇匹のうち二四匹が死亡したというデータを載せている。一見、両者に有意差がありそうなデータである。

とらえどころのない実験

しかし、同じ狭い集落で、隣り合う患者世帯と非患者世帯とを分け、後者を対照とすること自体、科学的な合理性に欠ける。むしろ集落全体が魚介類を媒介として共通の要因に暴露されているととらえるべきであった。患者世帯といっても、たまたま調査時点で認定された患者がいたというだけのことで、非患者世帯からも、いずれ認定患者が出てくる可能性は大いにあったからだ。ネコのデータについていえば、患者多発地区では、飼育していたネコ一二一匹のうち七四匹が死亡した事実として読むべきだろう。

第二報では、一九五六年一二月以降に調査したデータを補足し、ネコの発病と死亡の状況については、水俣湾の茂道地区のデータを追加し、さらに津奈木村の調査結果を報告している。第三報は、一九五八年末の時点で、その後に発生した患者のデータを追加するとともに、新たに原因不明の中枢神経系疾患をもつ乳児の多発状況について報告している。

第四報は、一九五九年以降およそ一年間のデータをもとに、患者発生地域が水俣湾周辺から北は芦北地方まで、南は鹿児島県出水市まで拡大しつつあること、また、ネコの発症も、これらの地方はもちろんだが、さらに水俣市の対岸一帯（御所浦・獅子島）まで広がっている、と述べている。

喜多村教室では、ネコ実験をはじめとして、多くの動物実験もやっている。水俣湾産の魚貝や海底泥土、それにセレン、タリウムなどをネコに投与する実験だが、その数がやたら多いのに驚かされる。そのなかには、水俣病に似た症状を示したという例も二、三報告されているが、病理解剖した形跡がないので、確実ではない。

実験の方法は独特で、毒性のある物質を餌に混ぜて食べさせるのではなく、大半は皮下注射ないしは腹腔注射というやり方だ。この方法では、ネコでもマウスでも、注射後たちまち死んでしまうものが多い。

「水俣病に関する動物実験（第三報）」は、有機水銀説発表後の一九六〇年三月に出たものだ（熊本医会誌三四巻補冊三）。この時期としては当然のことながら、水銀を念頭に置いた動物実験をしている。しかし、その内容をみると、無機水銀の蓄積実験などを精力的にやっており、いったい、どこに実験の目的があるのか、とらえどころがない。

この教室の報告を読むのは、じつに退屈な作業だ。疫学調査はもちろん、動物実験にしても、独自の知見といえるほどのものは見当たらないからだ。

水俣病に罹患するリスクの高い約一万人の漁民家族を母集団として、有機水銀汚染の影響を受けていない対照地区の住民と比較しながら、漁民家族の健康障害の実態やそれをひき起した要因を実証的に明らかにするのが疫学であるとすれば、当時、水俣病の疫学は存在しなかったといわざるを得ない。

公衆衛生学教室が行った調査研究は、このような疫学とはまったく無縁のものだ。水俣病の被害者にとって、これほど不幸なことはないといってよい。

放置されていた胎児性患者
——母体の血中メチル水銀が胎児の脳を侵す

胎盤を通過する水銀

熊大研究班が有機水銀説を発表した後も、まだ多くの研究課題が残されていた。とりわけ重要な課題は、胎児性水俣病の問題を解明し、有機水銀汚染の発生源を突き止めることであった。研究班がこれらの課題に集中的に取り組むのは、一九六〇年以降のことである。

水俣病多発地区に脳性小児麻痺に似た乳児が異常に多いという事実は、多くの人が早くから気づいていた。細川氏は、すでに一九五七年八月のノートにそのことを記している。

熊大医学部の小児科、公衆衛生学などの教室では、現地調査をした結果、水俣病との関連がありそうだが、はっきりとそうだといえる決め手がないという結論で終わっていた。

問題の乳児の症状が脳性小児麻痺のそれと区別がつかないということもあったが、最大のネックは、すでに生まれた時点で、これらの子どもたちは脳性小児麻痺様の症状をもっており、魚を食べていないという点であった。

水俣病は、水銀に汚染された魚介類を多量に摂取した者が罹《かか》る病気だと考えられていた。そうすると、この子らは水俣病とはいえないということになる。

この問題は、臨床と病理の両面から究明する以外に解決の道はない。

まず一九六一年三月、一人の患児が死亡し、病理解剖された。胎児性水俣病の最初の剖検例である。つづいて、二人目の患児が翌年九月に死亡して解剖された。その病理所見から、二人とも水俣病であることがはっきりした。胎児性水俣病では、大人や小児にみられる水俣病特有の病変に加えて、大脳皮質・小脳皮質ともに不十分にしか形成されないという発育不全の障害が著しいのが特徴だ。

母体の血中メチル水銀は、容易に胎盤を通過して発育中の胎児の脳を侵していく。これが胎児性水俣病である。子ども自身が魚を食べていなくても、水俣病は起こるのである。

原田正純氏の論文

胎児性水俣病の臨床像は、原田正純氏を中心とする神経精神科教室が一九六二年五月から開始した精力的な研究によって明らかにされた。その成果は、原田氏の論文「水俣地区に集団発生した先天性・外因性精神薄弱——母体内で起った有機水銀中毒による神経精神障害〝先天性水俣病〟」—

（精神神経学雑誌六六巻六号、一九六四年六月）にまとめられている。

この論文は、臨床医学の研究として大変な力作であるだけではなく、医学論文にしてはめずらしく、読み返すたびに深い感動を与えてくれる作品である。

全部で一七例に及ぶ症例の記載は詳細をきわめる。そこには、子どもたちの表情や動きの一つひとつに対する筆者のみずみずしい感性が躍動している。

原田論文は、胎児性患者の示す症状を注意深く観察し、その共通の特徴をつかんで脳性小児麻痺とのちがいを明らかにした。また、患者の発生時期や地理的分布の特徴、発生率の異常な高さ、母親についての調査結果から、本症は母体内で起こった有機水銀中毒であるという結論をひき出している。

一九六二年一一月二五日、熊本医学会で、病理学の武内・松本両氏の報告につづいて、原田氏が臨床所見を報告した。その四日後に開かれた患者診査会は、解剖後すでに認定されていた第一例の患者につづいて、残る一六人全員を胎児性水俣病と認定した。

胎児性患者の大半は、一九五五年から五七年にかけて出生しているから、認定までの道のりは長かったといわざるを得ない。その間、どこからも救済の手が差しのべられず、放置されていた。しかも、二人の患児が死んで解剖されるまで、認定への道は開かれなかったのである。

科学的証明の必要性

ところで、研究班が有機水銀説を発表した時点では、原因物質であるメチル水銀の発生源は突き止められてはいなかった。

社会的には、研究班のメンバーを含めて、その発生源はチッソ水俣工場の排水以外には考えられないという見方が支配的であったが、それを科学的に証明することはできなかったのである。

水俣工場のなかで、触媒として水銀を使用する製造工程は二つあった。アセトアルデヒドと塩化ビニールを製造する工程だ。水銀の使用量は、前者がはるかに多い。

アセトアルデヒドの製造工程で触媒として使われる水銀は、無機水銀である硫酸水銀であって、有機水銀ではない。そのため、チッソは、終始、水俣工場では無機水銀しか使用していないし、それしか流していない、と主張しつづけた。

そうなると、メチル水銀はいったいどこから出たのか。工場からは出ていないとすると、いったん水俣湾に排出された無機水銀が魚介類の体内で有機化する可能性を想定してみなければならない。これが、当時、「有機化機転」の問題といわれたものだ。

水俣病は水俣湾産の魚介類を多量に食べて起こる有機水銀中毒であるから、すでにその魚介類のなかに有機水銀が存在しなければならない。この点をとっかかりにして、有機水銀の発生源に迫っていったのが、入鹿山勝郎氏を代表とする衛生学教室の研究者たちであった。

有機水銀は水保工場から流出
——実験と分析を繰り返し発生源に迫る

いくつかの可能性

水俣病の原因物質である有機水銀は、いったいどこからきたのか。問題の有機水銀は、魚介類に取り込まれた無機水銀がその体内で有機化したものだろうか。それとも水俣湾の泥土中で有機化したものであろうか。そのいずれでもないとすれば、水俣工場の製造工程で生成した有機水銀がそのまま流出したのであろうか。

このように、有機水銀の発生源としては、いくつかの可能性が考えられた。衛生学教室では、実験と分析を繰り返しながら、考えられる可能性の一つひとつを検証していくという、骨の折れる方法で着実に発生源に迫っていった。

そのためには、まず、水俣湾産の魚貝中に存在する水銀が有機水銀であることを確認しておかなければならない。

一九五九年末当時、水俣湾でとれるヒバリガイモドキという貝（イガイの一種）には、一〇〇ｐｐｍ前後という高濃度の水銀が含まれていた。貝中の水銀は、蛋白と強く結合しているため、そのままでは水や有機溶媒で抽出できない。そこで、水銀と蛋白とを切り離すためにペーハー一・六の塩酸溶液でペプシン消化の処理を施すと、貝中の大部分の水銀が消化液に移行するので、それをさらに水蒸気蒸留して水銀を取り出すことができる。

貝から抽出した水銀の化学的性質を調べた結果、有機水銀であるアルキル水銀化合物と同じものであることが分かった。

一方、熊本県水産試験場では、海水に約一〇〇〇ｐｐｍの水銀を含む水俣湾の泥土を入れてアサリを飼育した結果、約三〇日後にアサリに蓄積した水銀量は、わずか二ｐｐｍ程度にすぎなかった。水俣湾の泥土中に堆積した水銀は、その大部分が硫化水銀などの無機水銀で、水に溶けない形のものであるから、アサリにほとんど蓄積しなかったものとみられる。

他方、衛生学教室で行った飼育実験では、海水に〇・二ｐｐｍのアルキル水銀化合物を加えてアサリを飼育してみると、わずか一二日ないし一四日後に、一〇〇ｐｐｍ以上の多量の水銀を蓄積することが分かった。

これらの事実から、水俣湾産の魚貝中に存在する有機水銀は、水俣湾の泥土中や魚貝の体内で有機化したものではなく、水俣工場から海に流れ出した有機水銀が直接魚貝に吸収された疑いが濃くなった。

衛生学教室の研究者らは、一九六一年一月末、水俣工場の排水溝から二地点、排出先の湾内から一地点を選んで泥土を採集し、そのなかの水銀を分析してみた。その結果、六〇〇〜八〇〇ｐｐｍの水銀が検出された。とくに百間排水口のすぐ手前で採集した泥土をペーハー一・六の水に入れて水蒸気蒸留してみると、その溜液に多量の有機水銀が含まれていることが分かった。

たった一回だけのデータではあるが、工場の排水溝の泥土から有機水銀の存在が証明されたことは重要だ。有機水銀が直接工場から流出していることを示す有力な証拠を手にしたことを意味するからだ。

有機水銀の発生源を追究して、あと一歩というところまできた。このあとは、水銀を使用する製造工程にメスを入れるしかない。

二本の水銀スラッジ

幸いにも、衛生学教室では、一九五九年八月と一九六〇年一〇月にアセトアルデヒド工場の反応塔から採取した水銀滓（スラッジ）を冷暗所に密封保存していた。これは、黒褐色の泥状物で、硫酸水銀や金属水銀のほかに種々の固形有機物が混合して反応塔とその連結管のなかに沈着したものだ。

衛生学教室は、この水銀スラッジを二つの方法で処理して、スラッジに含まれた有機水銀を結晶として抽出することに成功した。抽出した物質は、アルキル水銀特有の臭いをもっている。この結晶は、融点、元素分析値、赤外吸収スペクトルのすべての点で塩化メチル水銀とまったく一致した。

こうして、水俣病の原因物質であるメチル水銀化合物が水俣工場のアセトアルデヒド製造工程で生成され、工場排水として排出されていたことが証明されたのである。一九六一年夏のことであった。

しかし、入鹿山氏（衛生学）は、この結果をすぐには発表しなかった。社会的には、この分析結果は重大な意味をもつ。どんな反響が出てくるかも分からない。そう考えた入鹿山氏は、日本衛生学会での口頭発表を差し控え、一九六二年八月に出る医学雑誌に地味な研究報告として発表した（日新医学四九巻八号）。予想どおり、この論文に対する反響はほとんど聞かれなかったのである。

二本のガラス瓶に入った約一リットルの水銀スラッジ。全体が黒褐色の泥のなかで、粒状の水銀が鈍い光を放っていた。これを入鹿山氏がどのようにして手に入れたかは、いまもって謎につつまれている。当時の教室員で、六〇年安保闘争さえ知らずに実験に明け暮れていた甲斐文朗氏（のちに理学部教授）は、ある日、研究室に出勤してみたら、部屋のなかに問題の水銀スラッジが置いてあったという。

発生源にたどりつくまで六年
——水俣病の原因を解明した熊本大研究班

工場側の協力なしで

熊本大研究班が原因究明に乗り出したのは、水俣病が発見された直後の一九五六年八月のことであった。

それから有機水銀説にたどりつくまでに三年、原因物質であるメチル水銀の発生源を突き止めるまでには、じつに六年の歳月をついやしたことになる。その間、水俣病の原因究明に注がれたエネルギーは膨大なものだ。

熊本大研究班がなしとげた最大の研究成果は、有機水銀中毒としての水俣病の本態をはじめて解明したことだろう。水俣病は、環境汚染と食物連鎖をもとに発生した最初の有機水銀中毒事件であり、人類がかつて経験したことのない事件である。それだけに、その原因の究明は困難をきわめた。

研究班は、試行錯誤を重ねながらも、臨床、病理、化学分析の面から着実に水俣病の本態とその原因に迫っていった。また、胎児性水俣病の本態とその発生のメカニズムもはじめて解明された。これらの研究成果は、国際的にも高く評価されている。

班としての研究活動は、一九六三年ごろには事実上終りを告げた。

それにしても、原因の究明にあまりにも時間がかかりすぎたという印象は拭えない。

原因究明の方法としては、まず患者を出発点として、ネコや魚介類、水俣湾の泥土、つづいて工場排水といった順序で、いわば外から内へと追究していく方法と、逆に、発生源の疑いのある水俣工場の製造工程と排水を起点として、水俣湾の魚介類、さらにネコと人間へと調査をすすめていく方法の二つがある。

一刻も早く原因を明らかにするためには、二つの方向から並行して調査をすすめる必要があり、それが最も望ましいことはいうまでもない。しかし、熊本大研究班の原因究明は、外から内へという方法に限られ、工場側の協力はほとんど得られなかった。これが原因究明を遅らせた最大の原因といってよい。

公害事件に関しては、外から内へという研究方法は能率がよくない。もし研究班が工場の製造工程について正確な知識をもっていたら、もっと早く的を絞ることができたはずだ。水銀が意識されるようになってからでも、医学部の研究者たちは、触媒水銀を使用する製造工程としては塩化ビニール工場しか思いつかず、アセトアルデヒド・酢酸工場のほうはまったく念頭にはなかったようだ。

しかし、アセチレン水加反応によるアセトアルデヒドと酢酸の製造法は、当時、よく知られており、応用化学の教科書を開けば、くわしい説明が載っていたはずだ。工学部の専門家に聞けば、もっと正確で豊富な情報が得られたと思われる。

推進役は武内教室

研究班のなかで、おそらく最も苦労したのは実験の第一線にいた人びとだろう。実験に使う大量の魚貝の手当てやその処理だけでも大変な作業であった。たとえば、アサリの飼育実験をするには、まず非汚染海域から生きたアサリを手に入れる必要がある。アサリを飼うための海水は、熊本から汽車で一時間もかかる三角港まで毎週汲みにいったということだ。

また、有機水銀の投与実験をするために、素手で魚粉に有機水銀を混ぜてだんご状の餌を作っていたというから驚く。そのために、有機水銀を扱っていた人たちの毛髪水銀量が八〇ｐｐｍから一〇〇ｐｐｍにも達していたという。中毒症状が出ても決しておかしくない数値だ。

熊大研究班の歩みをみれば明らかなように、班全体の原因究明を方向づけ、有機水銀説を打ち出す推進役となったのは、病理学の武内教室であった。病理学の研究と比べると、臨床的な研究はきわめて不十分であり、汚染地域全体をカバーする疫学調査はまったく行われないままで終わった。

熊本県衛生研究所は、一九六〇年一〇月から、不知火海沿岸の住民を対象として三年度にわたる毛髪水銀量調査を実施した。その結果、水俣市の対岸に当たる御所浦町に住む女性の九二〇ｐｐｍを最高として、濃厚な水銀汚染の広がりを示すデータが明らかになった。

しかし、その後、十分な追跡調査は行われなかったし、毛髪水銀量の調査もこの一回だけで終わってしまった。

それだけではなく、研究班のなかから、水俣病の発生は一九六〇年をもって終わったとする見解まで現われるにいたった。その結果、一九六一年以降に発病した患者は、それだけで水俣病とは認定されないという不当な扱いを受けた。疫学調査と臨床的研究の不備が生み出したデータの欠如や硬直した病理論は、すべて被害者の不利益に解釈された。

その壁を打破するために、川本輝夫さんを中心とする未認定患者は、認定基準の見直しを求めて行政不服審査請求の闘いを始めた。一九七一年八月、環境庁長官は、患者側の主張を正当と認める裁決をしたが、審査会委員を出している熊本大医学部の一部にこの裁決に対する強い反発が生じ、一九七三年五月に起きた「第三水俣病」問題をきっかけとして、医学部内についに水俣病の研究をタブー視する空気が支配するようになった。

4　行政責任

未だ決着のつかない行政責任
——被害の拡大をいかに食い止めるかを苦慮

本格的原因究明へ

水俣病と行政との関わりは深い。したがって、行政の関わりを抜きにして水俣病事件を語ることはできない。

水俣病事件に対して、日本の行政は責任があるのかどうか。責任があるとすれば、いったい、どのような責任なのか。これは、いまだに決着のついていない問題である。

水俣病の本格的な原因究明も、行政のイニシアティヴで始まったことは、先に述べたとおりだ。

一九五六年八月、熊本県が熊本大医学部に原因究明を委託したのは、水俣病の医学研究それ自体のためではなく、一刻も早く原因を究明して水俣病の被害拡大を食い止めるためであった。この研究委託は、原因究明の進展に応じて、行政が適切な対策を講じることを当然予定していたものといってよい。

本来、水俣病の原因を究明し、被害の拡大を防止すべき第一次的責任が、原因者であるチッソにあることはいうまでもない。しかし、通常、疑いをかけられた原因企業が自分の責任で原因を究明することは、まず期待できない。チッソの行動が示しているように、加害企業は、例外なく、判決などで断罪されるまで原因者であることを否認し、その間、廃棄物を出しながら操業をつづける。これは、近代日本の公害の原点といわれる足尾鉱毒事件以来一貫して変わらぬ企業の行動様式である。

そうだとすれば、被害の拡大防止にあたって行政に課せられた責任は大きいといわねばならない。それでは、水俣病事件において、行政の責任はどのように果たされたのか。

水俣病が発見された当時、被害はすでに予想以上に広がっていた。したがって、行政にとって最大の急務は、被害の拡大をいかに食い止めるかということであった。そのためには、原因がある程度はっきりした時点で、早急に手を打つ必要があった。

水俣病の発見者である細川氏は、現地での調査結果から、いち早く水俣病と魚との関係を指摘していた。また、熊本大研究班も、一九五六年一一月の第一回研究報告会で、水俣病が魚介類を媒介とする重金属中毒であるとの結論を出した。そのころ発足した厚生省の厚生科学研究班も、一九五七年一月の研究報告会で同じ結論を出している。

熊本大研究班は、同年二月に開かれた第二回研究報告会で、被害の拡大を防止するためには水俣湾内の漁獲を禁止する必要があると指摘した。

漁業禁止はできない

しかし、その時点では、水俣湾産の魚が水俣病の原因だということは、まだ明確に証明されていたわけではない。その点で決定的な証拠を提出したのが、水俣保健所長・伊藤蓮雄氏のネコ実験であった。水俣湾産の魚を投与した実験で、ネコがつぎつぎに発症し、その臨床・病理所見とも自然発症のネコとまったく同じであることが明らかになった。一九五七年四月のことであった。

もちろん、この時点では、ネコに水俣病をひき起こす原因物質が有機水銀であることは、まだ分かっていない。しかし、この実験によって、有毒化した水俣湾産の魚を多量に摂食すれば、水俣病になる危険性のあることが実証されたことになる。

熊本大研究班が指摘するように、水俣湾内の魚に対する規制を急がなければ、さらに被害が拡大することは避けられない。

しかし、熊本県はその対策をめぐって苦慮していた。最も抜本的な対策は、湾内の漁獲を禁止することだが、それをする法的根拠が見当たらないうえに、禁止すれば漁業補償を考えなければならない。当時、熊本県は赤字再建団体であり、漁業補償をするだけの余力はなかった。

ところで、浜名湖では、戦前からアサリなどの食中毒事件が発生しており、静岡県は、これに食品衛生法を適用して対策を講じていた。これにヒントを得て、熊本県は、水俣病に食品衛生法を適用することにし、一九五七年七月二四日に開かれた部内の水俣奇病対策連絡会で正式にその方針を決定した。

食品衛生法第四条は、有毒または有害な食品を販売し、または販売の用に供するために採取などをしてはならないと定めている。これを水俣病に適用し、知事の権限で、販売の目的をもってする魚貝の採捕を禁止する海域を告示するというものだ。

こうした補償なき漁獲禁止に対しては、当然のことながら、水俣市長や水俣市漁協から強い難色が示された。県側は、現地を説得するために、水俣市や市漁協のほか、医師会と水俣工場附属病院長に呼び掛けて現地懇談会を開催するとともに、食品衛生法の適用の可否について厚生省に照会することにした。

現地懇談会では、端的に漁業を禁止しないで、販売のための採捕禁止というやり方は漁民を生殺しにするものだという意見が出た。しかし、県側は、漁業法上、漁業を禁止することはできないし、漁業権を買い上げるつもりもないと述べて、理解を求めた。

こうして、熊本県は、厚生省からの回答をまって知事告示に踏み切る方針を固めていたのである。

安全性を無視した厚生省見解
――被害の拡大につながった規制のおくれ

不十分な行政指導

食品衛生法を適用して水俣湾内の有毒魚介類の摂食を規制しようとする熊本県に対して、厚生省は、一九五七年九月一一日、次のような回答をしてきた。

「水俣湾内特定地域の魚介類のすべてが有毒化しているという明らかな根拠が認められないので、該特定地域にて漁獲された魚介類のすべてに対し、食品衛生法第四条第二号を適用することはできない。」

厚生省は、水俣湾には回遊魚が自由に出入りしているから、湾内に生息するすべての魚介類が有毒であるとは限らないし、有毒化の原因もまだ明らかではない、というのだ。そのほか、湾内で漁獲した魚のすべてが販売用ではないとか、危険な海域を特定することはむずかしいという理由もあげている。

この回答は、まったく非常識というほかはない。いったい、どんな方法で、湾内の魚が一尾残らず有毒であることを証明すればよいのか。そんな証明はできるはずがない。

イリコの材料となるカタクチイワシは回遊魚であるが、これを食べたネコも人間も水俣病を発症しているのだ。原因不明というけれども、水俣湾産の魚介類を多量に摂食すれば水俣病にかかることは、疫学調査とネコ実験によってすでにはっきりと証明されていた。

この段階でなお食品衛生法を適用しないということは、被害の拡大をそのまま放置するに等しいが、厚生省は、それを容認したことになる。

高野武悦氏は、一九五八年から厚生省の食品衛生課長の任にあった人だが、一九八五年五月、関西水俣病訴訟の証人として大阪地裁に出廷し、厚生省の対応は正しかった、と強弁した。

厚生省は、食品衛生法の適用に代えて、住民に水俣湾産の魚介類をできるだけ食べないように行政指導することにした。しかし、そうした指導は熊本県に任せ放しであり、具体的にどのような指導を行い、どれだけ効果が上っているかについて、熊本県に報告を求めた形跡もない。

それがきわめて不十分なものでしかなかったことは、その後の水俣病被害の拡大をみれば明らかである。

もし行政指導によって真剣に被害の拡大を防止しようとするなら、まず、当時の漁業の実態と魚の流通経路についてきちんとした調査をしなければならない。

水俣湾とその周辺は、不知火海きっての好漁場であり、そこでは水俣の漁民だけではなく、北は津奈木、芦北、田浦の漁民、さらには対岸の御所浦の漁民まで常時出漁していたところである。こうした操業実態からすれば、水俣市民を主な対象として衛生指導するだけでは十分でないことは明らかだろう。

山間部や遠く宮崎にも

また、魚が危険だといわれるようになってからでも、水俣湾とその周辺海域で漁獲した魚は広く出回っていた。漁民にとって水俣魚市場以外にも水揚げする場所はいくらでもあり、近辺の山間部はもちろん、八代、熊本さらには遠く宮崎方面まで不知火海の魚は運ばれていた。

あまり知られていないことだが、かつて不知火海でとれたハモは京阪神地方に大量に出荷されていた。それほど魚の流通経路は多様で広いのである。

こうした実態は、調べれば容易に把握できたはずだが、熊本県はもちろん厚生省も、まったく調査していない。

ところで、食品衛生法を適用することはできないという厚生省の見解は、食品の安全性を無視した見解である。厚生省は、水俣湾内の魚がすべて有毒化しているという明らかな根拠がないから、食品衛生法を適用できないといった。しかし、これは考え方が逆で、湾内の魚が安全だという確証がない限り、それを漁獲したり販売してはならないと考えるべきだ。安全性の考え方からすれば、当時、水俣湾産の魚介類が水俣病の原因になっているという証拠が上がっていた以上、食品衛生法を適用してただちにこれを規制すべきだった。そうすれば、全部とはいわないまでも、被害の拡大をかなり防止できたはずだ。

厚生省が作成した「食中毒処理要領」という手引きには、次のように書いてある。

「原因食品が初めから確認し得る場合は勿論、一応の推定しか出来ない場合に於いても、危害の拡大防止のために必要にして十分な措置を直ちに講じなければならない。危険性の範囲が、当初明瞭となっていないような場合でも、危険の可能性の考えられる範囲全部に対して包括的な、広範な措置を講じて置いて、爾後調査の進行によって危険範囲が明確化するにつれて、定めてあった制限は順次解除し、最後には食品の利用の禁停止を必要十分な限度に圧縮して行くことが必要である。」

この手引きは、安全性の考え方に立って食中毒の拡大を防止するという視点から作成されており、食品衛生法の運用基準としては、必要にして十分な内容だ。

これをみると、厚生省は食品衛生法の正しい適用の仕方を知らなかったわけではない。なぜ、厚生省はこれと同じ方針で水俣病問題に臨まなかったのか。この点は、いまもなお大きな疑問として残る。

食品衛生調査会の答申に工作
――人間を〝実験動物〟にした排水路の変更

どろどろした政治劇

水俣病の原因がはっきりするまでは抜本的な対策は立てられないと、行政側はいいつづけてきた。食品衛生法の適用が問題になったときも、厚生省は同じような主張をした。

それは、一見もっともな主張のようにみえる。しかし、原因がすべて解明されなければ、何にもできないわけではないし、水俣病のような環境汚染事件では、それを待っていたのでは、完全に手遅れになるのだ。それを知りながら原因の究明を強調するのは、責任逃れの方便としかいいようがない。

それはともかく、行政側は、水俣病の原因究明に異常なまでに執着した。

水俣病は、さしあたり、水俣地方に多発した原因不明の奇病という公衆衛生上の問題として登場した。所管庁である厚生省は、熊本県と連携しながら、水俣病の原因を究明する責任を負っていたことはいうまでもない。この点で、厚生省がやったことは二つある。

その一つは、一九五六年一一月、国立公衆衛生院の疫学部長を主任として、国立予防衛生研究所、熊本大医学部などで厚生科学研究班を組織したことだ。この研究班は、一九五七年から翌五八年にかけて調査、研究に当たったが、原因物質としてセレン・マンガン・タリウムが疑われるという段階で終わってしまい、独自の見解を出すまでには至らなかった。

もう一つは、一九五九年一月、食品衛生調査会（厚生大臣の諮問《しもん》機関）に水俣食中毒特別部会を設置し、同年一〇月二日、水俣病の原因究明について正式に諮問したことだ。この部会は、熊本大の研究陣を主体として、それに熊本県衛生部、水産庁の西海区水産研究所などを加えて組織され、熊本大学長の鰐淵健之氏がその代表となった。

食品衛生調査会は、自ら調査して審議する機関ではなく、その主要な任務は、熊本大研究班を部会に取り込み、その研究協力を得ながら答申をとりまとめることにあったといってよい。そのような実態からすれば、調査会の答申と熊本大研究班の見解が一致するのはむしろ当然のことだったといえる。

しかし、食品衛生調査会の答申は、厚生省の公式見解としての性格をもつから、その影響力の大きさは一大学の研究班の見解の比ではない。そのため、調査会の審議過程では、答申の内容をめぐって外部からいろいろな工作が行われた。

鰐淵氏の話によると、一九五九年一〇月初めから答申を出す一一月一二日の直前まで、厚生・

通産両省、チッソ、水俣市長などからさまざまの働きかけや工作が行われており、どろどろした政治劇をみる思いがする。

通産省も執拗な攻撃

まず、厚生省では、食品衛生課長や環境衛生課長が中心となって、鰐淵代表に対し、チッソとの妥協の余地を打診したり、有機水銀説に疑問を呈し、場所を特定しないで漠然と海水が原因としてほしいなどと説得工作を行った。

また、食品衛生調査会に出席するために上京した際には、氏の友人を通じて、チッソの社長とぜひ会ってほしいという話があった。もちろん、これは断ったが、その翌日、厚生省に行ってみると、環境衛生部長の執務室には、すでにチッソの重役と水俣市長らがきていたが、氏の面前で、会社に不利な結論が出て、会社がつぶれるようなことになっては困ると陳情した。

答申の前日には、日比谷の松本楼で、水俣病関係各省連絡会議が開かれ、鰐淵氏ら水俣食中毒特別部会のメンバーもこれに出席を求められた。席上、通産省は、有機水銀説に異論をとなえる東京工業大学の清浦雷作氏のレポートを配布しながら、熊本大研究班の見解に対して執拗に攻撃を加えた。

いかに曖昧にするか

当時、鰐淵代表は、熊本大研究班の有機水銀説を基本にして、チッソ水俣工場の排水が原因であることを答申に明記するつもりであった。

チッソは、一九五八年九月、水銀を含むアセトアルデヒド排水の放出先をそれまでの百間港から水俣川河口に変更した。そのため、翌五九年三月ごろから、それまで患者が発生していなかった水俣川河口周辺に新たな患者があいついで発生した。

これは、人間を実験動物にして工場排水が原因であることを証明したに等しい。鰐淵氏は、そのように考えていた。たしかに、熊本大研究班では、当時、まだ工場排水から有機水銀を検出していないし、細川氏のように、工場排水を投与した動物実験もしていない。しかし、医学的には工場排水が原因とみてよい、と考えていた。

鰐淵代表は、食品衛生調査会でも、こうした考えを明確に述べていた。それだけに、氏は、当時の政治状況のなかで、しだいに厄介な存在になりつつあった。

厚生・通産両省とも、いかにして有機水銀説を曖昧なものにするか、また、たとい推定という形でも、工場排水には言及させてはならないという点で一致していた。

一九五九年一一月一二日、食品衛生調査会は、次のような答申を出した。「水俣病は、水俣湾及びその周辺に生息する魚介類を多量に摂食することによっておこる主として中枢神経系統の障害される中毒性疾患であり、その主因をなすものはある種の有機水銀化合物である。」
そして、その直後に、厚生省は水俣食中毒特別部会を解散してしまった。

厚生省は原因究明の責任放棄

——有機水銀でなく有毒アミン説を持ち出す

終止符を打つねらい

水俣食中毒特別部会の鰐淵代表は、今回の答申はあくまでも中間的な答申であり、いずれ研究の進展をまって最終的な答申が必要だと考えていた。

もともと答申の原案は、水俣病の原因物質を有機水銀化合物と断定するとともに、「ただし、如何にして有機化、有毒化するかの機序は未だ明らかでない」という文章で結んでおり、中間段階の答申であることを示唆していた。

しかし、答申の最終案では、ただし書の部分は全文削除された。これで終止符を打つというねらいである。

厚生大臣に答申を提出した後、鰐淵代表らは、厚生省の役人に誘導されて裏口から宿に帰された。記者会見で鰐淵氏に本音をしゃべられては困ると、厚生省は考えたのだ。

鰐淵代表にとっては、部会の解散はまったく予想外のことであった。失礼な話だが、解散については、事前に打診すらなかったという。鰐淵氏は、任務終了を理由に解散を申し渡されて大いに憤慨したが、後の祭りであった。

こうして、厚生省は、政治的妥協を嫌う鰐淵氏を解任し、一九五九年一一月の食品衛生調査会の答申をもってこの問題に終止符を打った。これは、厚生省が水俣病の原因究明についての責任を放棄したことを意味する。

一方、通産省は、化学工業を保護し計画的な生産を確保するという立場から、水俣病の原因究明に対して並々ならぬ関心を寄せていた。

通産省は、すでに一九五八年六月、原因の究明に当たって工場排水だけではなく総合的な調査が必要だという見解を明らかにしていた。その後も、通産省は、機会あるごとに厚生省を牽制する発言をしていた。

一九五九年七月、問題の核心に迫る有機水銀説が発表されたことによって、水俣病の原因究明は最大の山場を迎えた。通産省がこれに危機感を抱いたことはいうまでもない。

通産省の基本戦略は、有機水銀説をつぶすことにあったと思われるが、たとえつぶすことができない場合でも、有機水銀説のもつ社会的な影響力を極力小さくして、水俣病の原因はまだ確定していないという状況を意図的に作り上げることにあった。

水質分析の専門家？

そのために、通産省は、御用学者を表舞台に登場させ、日本化学工業協会（日化協）を動かすという巧妙な手法を使った。

東京工業大の清浦雷作氏は、もともと応用化学の分野で硫酸製造プロセスを専門にしていた人だが、有機水銀説の発表後、水質分析の専門家として水俣現地に現れるのである。

清浦氏は、食品衛生調査会の答申の前日に、タイトルは仰々しいけれども、内容はメモ程度の簡単なレポートを通産省に提出した（「水俣湾内外の水質汚濁に関する研究（要旨）」）。

このレポートは、詳細なデータは「現在整理中」として明らかにしないだけではなく、サンプルを採取した地点も「某地区」として伏せてある。清浦氏は、全国数ヵ所の水銀の多い場所を選び、そこで採取した魚と比較して水俣の魚はとくに水銀量が多いとはいえないとか、ほかの水銀値の高い地区で水俣病が発生したとは聞かないから、有機水銀説は妥当とは思われないなどと主張した。

清浦氏は、有機水銀説に対抗して、ついには有毒アミン説なるものを持ち出したが、これは、水俣病にかかった漁民は腐敗した魚貝ばかり食っていたという仮定に立って、水俣病の発症物質は、水銀ではなく有毒アミンの可能性があるというものだ。もちろん、実証はされていない。

清浦氏の説は、およそまじめな検討に値するものではないが、通産省は、これを徹底的に利用して、原因不確定という状況を作り出していった。

ところで、食品衛生調査会の答申が出たちょうど一週間後、経済企画庁は、厚生省、通産省および水産庁に対して、「水俣病に関する総合的調査の実施について」と題する一通の文書を送った。それによると、水俣病の原因究明については、原因物質の発生源やその生成過程については未解決であり、今後は関係四省庁が連帯して総合的な調査を実施し、経済企画庁がそのとりまとめに当たるというものだ。

こうして、一九六〇年一月、水俣病総合調査研究連絡協議会が発足した。そのメンバーには、熊大研究班の内田槙男氏（生化学）のほかに、東京工業大の清浦氏や東大医学部の田宮猛雄氏らが入っている。この両者は、同年四月、日化協が設置した水俣病研究懇談会（いわゆる田宮委員会）のメンバーも兼ねている。この人選は、明らかに政治的なものといってよい。

総合調査研究連絡協議会は、一九六〇年二月から翌年三月までにわずか四回開催されただけで、成果らしいものは何ひとつ出さずに自然消滅した。その点では、田宮委員会も同様である。こうして、「総合的調査」の名のもとに、原因を究明中という体裁を作って時間をかせぎ、最終的には、有機水銀説を含めて問題そのものを雲散霧消させてしまった。

これは、いまや厚生省に代わり主導権をにぎった通産省の思惑どおりの進行であった。

日本の化学工業発展のツケ
——一九二〇年ごろから問題化した漁業被害

一五〇〇円の見舞金

水俣病が魚介類を媒介とする重金属中毒と確認された当時から、汚染源としてチッソ水俣工場の排水が強く疑われていた。それ以外には魚の汚染源は考えられないという見方が現地では支配的であった。熊本大研究班も、すでに一九五六年一一月の第一回研究報告会で、同様の指摘をしていた。

しかし、工場排水が汚染源であることを最も的確に見抜いていたのは、水俣湾を生活の場としていた漁民であった。漁民たちは、水俣湾のことなら掌《たなごころ》を指すように知っていたし、工場の流す汚悪水の害を十分すぎるほど経験させられていたからだ。

水俣工場の歴史は、日本の化学工業の輝かしい発展の歴史であると同時に、反面、あいつぐ海面の埋め立てと工場排水による環境破壊の歴史でもある。そして、工場発展のつけは、すべて零細漁民に押しつけられた。その最大のつけが水俣病にほかならない。

工場排水による環境破壊は、すでに大正期から漁業被害という形で表面化していた。水俣の漁業組合は、一九二〇年ごろから、チッソに対して、工場排水と海面の埋め立てなどによる漁業被害の補償を要求していたが、因果関係の有無をめぐって意見が対立し、数年にわたる交渉によっても決着がつかなかった。

その間、組合の存続さえ危ぶまれるほど困窮に陥った漁業組合は、みずから和解を申し出て、一九二六年（大正十五年）四月、この問題に対して組合が永久に苦情を申し立てないことを条件に、チッソが一五〇〇〇円の見舞金を支払うことで妥結した。

これが記録に残る最初の漁業補償である。ここには、チッソによるこの種の紛争処理の原型が示されている。チッソは、漁業被害の原因がはっきりしないことを強調し、漁民側に原因の調査と被害額の立証を要求した。交渉が長期化すればするほど、漁民は困窮に陥るのに対して、工場側は排水をたれ流しながら平常通りの操業をつづけていく。これでは、初めから勝負にならない。

結局、原因の確定は困難という前提で、チッソは、低額の「見舞金」を支払うことによって紛争を収拾した。こうして、漁民は、わずかの金で口を封じられ、チッソは、有害な排水を堂々と流しつづける権利を獲得するという結果になった。

同じパターンは、一九四三年、一九五一年、そして一九五四年にも繰り返された。漁協の漁業権放棄や海面埋め立てに対する承諾と引き換えに、チッソが無利息で金を貸し付けたり、あるいは補償が年金払いの形式になった点などが異なるだけで、排水の無処理放出は決して止むことはなかったのである。

極度に困窮した漁民

こうした状況は、水俣病の発生後、はたして変わったのだろうか。

一九五七年一月、水俣市漁業協同組合は、チッソに対して、①汚悪水の海面放流をただちに中止すること、②今後放流する場合には、新たに設置する浄化装置で浄化して無害であることを証明することを申し入れた。これに対して、チッソは、工場排水の成分にとくに変化はなく、漁獲が激減した原因は何か、目下研究中であるなどと回答した。

あいかわらず煮え切らないチッソの態度をみて、水俣市漁協は、同年五月、再び要求書を提出して、工場排水の即時停止と水俣湾内に堆積した沈殿物（ヘドロ）の除去を申し入れた。

水俣病は漁民とその家族に集中的に発生していたから、悲惨な状況にあえぐ患者家庭のほとんどは、同時に水俣市漁協の組合員でもあった。そうした組合員の突き上げもあって、漁協の要求は、しだいにエスカレートしていった。これまでのように、チッソとのボス交渉で収拾できるような事態ではなかったのである。

この段階での漁協の要求には、漁業被害に対する補償要求は含まれていない。漁民の要求は、排水停止にピタリと照準を合わせていた。汚染源を断って被害の拡大を食い止めようとするならば、排水停止以外にはないからである。その意味で、これは、まことに正当な要求であったといってよい。

しかし、チッソとそれを擁護する通産省からすれば、これだけは絶対にゆずれない一線であった。チッソは、水俣病の原因についてはは結論が出ていないことを理由に、水俣病に関係する要求には一切応じないという方針をかたくなに押し通した。

水俣病の被害が拡大し深刻化するなかで、漁民は極度に困窮していった。たまりかねた水俣市漁協は、ついに一九五八年九月、漁業被害の補償についてチッソに交渉を申し入れた。排水停止の要求を突きつけられて頭を痛めていたチッソにとって、これは渡りに船というべき申し入れであった。

漁業補償をめぐる交渉は難航し、一年後の一九五九年八月末にようやく妥結した。その間に、漁民が交渉会場になだれ込み、警官隊が出動する事態にまでなったが、最終的には水俣市長のあっせん案を受諾して終結した。漁業補償の問題は、行き着くところ金額の問題にすぎず、汚染源の根本的な解決とは無縁の問題である。

チッソのとった排水対策は、漁民の目をそらすため、それまで水俣湾に流していた排水を水俣川河口に移し変えただけで、水俣病の被害をいっそう拡大する結果に終わった。

官僚主導の事件収拾プラン
――ずさんな排水処理を批判し初のデモ

政治ドラマに展開

ここで、もういちど当時の被害拡大の状況を確認しておこう。

一九五九年に入ると、水俣川河口周辺に新たな患者が発生したのを皮切りに、患者発生地域は、不知火海沿岸を北上して、津奈木、湯浦、芦北の各町村まで広がっていった。水俣市の南に隣接する鹿児島県出水市に患者が発生したのも同じ時期である。さらに、患者発生の前触れとなるネコの死亡状況からみて、対岸の御所浦や獅子島などにもすでに患者が発生している可能性があった。

このように、水俣病の被害は、水俣湾の周辺から不知火海沿岸一帯へと不気味な広がりをみせていた。これは容易ならぬ事態である。

こうした深刻な状況を背景に、一九五九年後半から、事件史上最大の政治的ドラマが展開していくのである。その幕開けとなったのが、一九五九年七月の有機水銀説の発表である。その政治的なインパクトの大きさは、熊本大研究班のメンバーの予想をはるかに越えるものであった。

どん底まで追いつめられていた被害漁民は、有機水銀説の発表をきっかけに、チッソに対して、排水の停止と被害補償を要求して立ち上がった。チッソは、有機水銀説に対する身勝手な反論を展開しながら、新しい事態への対応策を模索していた。

一方、行政側は、食品衛生調査会の答申をもって原因の究明を打ち切り、通産省を中心に、工場の操業停止につながりかねない排水問題をなんとかうまく処理して事態を政治的に収拾することを画策していた。

有機水銀説の発表後、最初に行動を起こしたのは、魚の売れゆき不振で音をあげた水俣市内の鮮魚店であった。八月六日、鮮魚小売商組合は、水俣の漁民とともに、はじめて水俣工場にデモをかけた。これ以後、水俣市漁協とチッソとの補償交渉が始まるが、それがどのような経過をたどったかは、さきに述べたとおりである。

八月末、水俣市漁協とチッソとの補償交渉が妥結すると、それを待っていたかのように、九月には、新たに患者発生地区となった芦北地方の各漁協が動きだし、チッソに八幡排水の即時停止などを申し入れた。

八幡排水とは、いわゆる「八幡プール」（主としてアセチレン発生残渣を水抜きして野積みしておくための処分場）をへて水俣川河口に流す排水のことだ。チッソは、一九五八年九月、メチル水銀を含むアセトアルデヒド工場の排水の放出先を水俣湾から水俣川河口に変更した結果、不知火海沿岸一帯に患者発生地域が広がり始めていた。

漁民パワーの爆発

一〇月一七日には、県漁連の主催で熊本県漁民総決起大会が開かれ、①完全な浄化設備の設置まで操業中止、②水俣湾と八幡排水口にある沈殿物の完全処理、③工場排水による漁業被害に対する補償などを決議して、チッソに申し入れた。チッソがこれを拒否したため、憤激した漁民約一五〇〇人が工場に押し掛けて投石する騒ぎになり、警官隊が出動した。

その直後の一〇月二一日、事態を憂慮した通産省は、チッソに対して、八幡プールをへて不知火海に放出していた排水路を廃止するとともに、排水浄化設備を年内に完成するよう口頭で指示した。さらに、通産省軽工業局長は、一一月一〇日、チッソに対して、再び同趣旨の内容を文書で通知した。

これを受けて、チッソは、アセトアルデヒド工場の排水を八幡プールから工場に逆送して再使用することにしたが、水抜きを主な目的にした八幡プールの構造上、これでメチル水銀を含む排水が不知火海に流出しなくなったとは到底考えられない。その意味で、この排水路の変更は世論対策に重点があったとみてよい。

漁民騒動をきっかけに、衆議院が農林水産、社会労働、商工の各委員会の代表からなる調査団を結成して現地調査に乗り出すことになり、一一月一日から三日間、熊本と水俣で調査を行った。調査団は、チッソのずさんな排水処理を批判し、行政の水俣病対策の不備や遅れを指摘したが、官僚主導の事件収拾のプランにはほとんど影響はなかった。

被害漁民は、調査団の水俣入りに合わせて、一一月二日、不知火海沿岸漁民総決起大会を開き、これに参集した約二〇〇〇人の漁民が水俣市内をデモ行進したあと、チッソに対し、操業中止を要求して団交を申し入れた。チッソがこれを拒否したため、漁民は大挙して工場に乱入して、手当たりしだいに設備を打ち壊し、警官隊とも衝突して、一〇〇人以上の負傷者を出す大騒動に発展した。

工場乱入で爆発した漁民パワーは、水俣病事件を一挙に政治問題化したが、刑事弾圧という大きなツケも払わされた。事件が沈静化した一九六〇年一月、漁協の幹部ら三五人が逮捕され、一四一人が書類送検された。このうち、五五人が建造物侵入などの罪で有罪判決を受けた。

漁民乱入事件の一〇日後に、食品衛生調査会は答申を提出したが、その翌日には早くも、チッソの社長は、熊本県知事に対して、不知火海沿岸漁民の漁業被害の補償について調停を依頼した。政治的な収拾劇の始まりである。

熊本県知事の調停工作と浄化装置
——「排水が水俣川よりきれいに！」と大芝居

チッソは依然強硬

食品衛生調査会の答申が出たのは、一九五九年一一月一二日のことであった。チッソのほかにも、この答申の成り行きを強い関心をもって見守っていた人物がいた。熊本県知事の寺本広作氏である。

寺本知事は、一〇月一七日の漁民騒動をみて、いまや不知火海沿岸一帯に拡大した紛争の調停に乗り出す腹を固めた。患者発生地域が広がり、魚の売れ行き不振から生活に窮した沿岸漁民と原因者とみなされたチッソとの対立が日を追って険悪化し、治安問題にまで発展した以上、このまま放置することはできないと考えたからだ。事態を憂慮した県議会水俣病対策特別委員会からも、知事の調停を求める声が上がっていた。

寺本氏自身は、常識的にみて工場排水以外に水俣病の原因はありえないと考えていた。しかし、チッソは、通産省の強いバックアップを受けて、原因が確定していない状況のもとでは漁民の要求には一切応じられないという強硬姿勢を崩していなかった。寺本氏が調停に乗り出すためには、チッソとその背後にいる通産省を説得できるだけの有力な材料が必要であった。そのようなものとして、寺本氏が待っていたのが食品衛生調査会の答申であった。

答申は、寺本氏が期待していた通りのものであった。チッソを調停に引き込んで補償金を払わせるには、国の公的な機関がある程度まで原因を明らかにする必要があるが、逆にその限度を越えてチッソを操業停止まで追いつめるようなものであってはならない。その意味で、食品衛生調査会の答申は、まさに寺本氏の期待にぴったり合致していたといってよいだろう。

チッソは、通産省の了解がなければ調停には応じられないというので、寺本氏は、通産省に秋山軽工業局長を訪ねて了解を求めた。秋山氏は、熊本大の有機水銀説に対してはムキになって反論したが、知事の調停には同意した。このとき、両者の間で、水俣病事件の最終的な決着についてどの程度の話し合いが行われたかは、明らかではない。

一九五九年一一月二四日、寺本知事を代表とする「不知火海漁業紛争調停委員会」が発足した。委員の顔ぶれをみると、知事のほかに、県議会議長、水俣市長、熊本県町村会長、熊本日日新聞社長、それにオブザーバーとして福岡通産局長と全漁連の専務理事が加わっている。どういう経緯でそうなったかは不明だが、熊本大研究班のメンバーは見事に除外されている。

役にたたない装置

　寺本知事らは、一二月二日の第二回調停委員会で、漁協・チッソ双方から事情を聴取することにより、実質的な調停作業を開始した。漁民側は、水俣病による漁業被害として二五億円を要求するとともに、排水の即時停止と海底に堆積した汚泥の除去を求めた。これに対して、チッソは、被害補償の責任はないと主張した。

　その後、両者は、調停委員会の強力な説得のもとに折衝を重ねたが、早くも一二月一五日の第三回調停委員会で調停案が提出され、一二月二五日には、それに基づいて、県漁連との間で、チッソは、漁業補償として三五〇〇万円を支払い、漁民の立上がり資金として六五〇〇万円の融資を行う旨の契約が成立した。

　これをみると、漁民側が当初要求してた二五億円の漁業補償は、わずか三五〇〇万円に引き下げられ、漁民一戸当たりの分配金はおよそ補償の名に値しない程度の金額になった。また、排水の即時停止の要求は無視され、それに代わって、チッソは、「工場廃水が漁業に被害を及ぼさないように、この調停成立後一週間以内に廃水浄化装置を完備する」ことを約束した。

　問題は、「サイクレーター」と称するこの浄化装置の実体である。

　漁民側は、早くからチッソに工場排水の停止を要求し、今後排水を流す場合には、完全な浄化設備で浄化して無害な排水であることを証明するように求めていた。また、通産省はチッソに対して排水の浄化設備の設置を急ぎ、年内に完成するように指示していた。

このようにして、いまや排水の浄化装置さえ完成すれば、あたかも発生源の問題は一挙に解決するかのような状況を呈しはじめたのである。

一九五九年一二月二四日、水俣工場では、寺本知事をはじめ各界の関係者二〇〇人を招いて「サイクレーター」の盛大な完工式が挙行された。その席で、西田工場長は、今後、工場排水は水俣川の水よりきれいなものになると胸を張り、吉岡社長は「サイクレーター」を通した排水をコップに汲んで飲んでみせた。

寺本知事は、チッソの説明を鵜呑みにして、これで患者は出なくなると思いつつ帰途についた。しかし、この浄化装置は、排水中の固形物を沈殿させて除去したり、ペーハーを調整するためのもので、水溶性の有機水銀を除去するにはまったく役に立たないものであった。このことは、設計に当たった荏原《えばら》インフィルコ社（現荏原環境プラント株式会社）にとっては自明のことであったし、西田工場長を含めてチッソの優秀な技術者がこれを知らなかったとは、到底信じがたい。

チッソは、大芝居を打ったのである。

「サイクレーター」の政治的意味
――被害の拡大防止には役に立たない処理装置

「水銀」は考慮せず

荏原インフィルコ社の技術上の責任者として「サイクレーター」の設計と製作に当たったのは、当時、同社の技術部研究課長であった井手哲夫氏である。井手氏は、この浄化装置の実体について次のような証言をしている（一九八五年七月、水俣病関西訴訟）。

チッソが依頼してきたのは、カーバイド工場のガス洗浄排水、硫酸工場のガス洗浄排水、燐酸工場の排水、それに重油ガス化工場のガス洗浄排水の四種類の排水の処理設備であって、水銀を含むアセトアルデヒド工場と塩化ビニール工場の排水は、もともと処理の対象にはなっていなかった。

「サイクレーター」の製作依頼があった後、井手氏は、さっそく水俣工場で打ち合わせを行ったが、その席で、チッソの担当者は、今回の排水処理は水銀とは無関係のものだから、それを考慮する必要はないと述べたという。

　処理の対象となった四種類の排水は、いずれも赤褐色や黒色の濁りをもった排水で、素人目にも一見して汚いとわかる排水である。チッソの依頼の趣旨は、とにかくこの濁りをとって、見た目にきれいなものにしてほしいということであった。漁民から苦情が出るのも、通常、こうした濁りのひどい「汚悪水」であり、それさえ処理すれば十分とチッソは考えていたのである。

　排水の濁りをとるには、薬品を加えて排水中の懸濁《けんだく》物を凝集沈殿させるという方法が一般的で、それが当時の代表的な処理技術であった。「サイクレーター」も同様の処理装置であり、その構造は比較的簡単なものであった。工場排水は、まず混合凝集室でアルギン酸などの凝集剤と混合され、循環室をへて分離沈殿室までくると、濁りの成分が固まって落ちるという仕組みだ。ちなみに、「サイクレーター」という名称自体は、荏原インフィルコ社の商品名である。

　このように、「サイクレーター」は、もともと排水中の濁りをとるための凝集沈殿装置であって、メチル水銀化合物のように水に溶けた物質を除去するようには作られていないのである。もちろん、チッソは、「サイクレーター」の性能を熟知していたから、この浄化装置が完成した後も、水銀を含むアセトアルデヒド工場の排水はこれに通してさえいなかった。

「サイクレーター」の完工式の場で、チッソの社長がこれを通した排水をコップで飲んでみせたという新聞記事を読んで、井手哲夫氏は非常に苦々しく感じたという。

井手氏らが製作した「サイクレーター」は、設計通りの性能を発揮したようだ。本来、排水処理装置というものは、それだけの話である。しかし、水俣病事件史においては、それだけではすまなかった。一九五九年夏から年末にかけての緊迫した状況のなかで、「サイクレーター」は、その本来の性能をはるかに越えた政治的な役割を与えられたからである。

「サイクレーター」の工事は、当初、一九六〇年三月完成の予定で五九年九月に着工したが、その後、通産省の強い指示で工事を急ぎ、同年一二月一九日、着工からわずか三ヵ月で竣工にこぎつけた。チッソの『水俣工場新聞』が「神技的スピード」と形容したほどの急ぎようであった。なぜ、通産省は、これほどまでに「サイクレーター」の工事を急がせたのか。それは、政治的な理由以外には考えられない。

一九五九年一〇月一七日には、不知火海沿岸漁民の総決起大会が開かれ、チッソに対して完全な排水浄化設備を設置するまで操業を中止するように要求し、一一月二日には、約二〇〇〇人の漁民が操業中止を要求して、水俣工場に乱入するという大騒動に発展していた。

このような事態に直面した通産省は、その対応策として、漁民の要求する浄化設備の工事を年内に完成させる以外にはないと判断した。それを受けて、チッソも、漁業補償に関する調停案を受諾するに当たって、調停成立後一週間以内に浄化装置を完備すると約束したのである。

しかし、突貫工事で完成した「サイクレーター」は、漁民たちが要求した「完全な浄化設備」とはほど遠いものであった。とくに、水俣病の被害の拡大を防止するためには、この排水処理装置はまったく役に立たないものであった。

漁民の切迫した要求と「サイクレーター」。この両者のギャップを埋めるには、世間を欺く大芝居を打つしかなかったのである。「サイクレーター」の完成によって、水俣工場の排水処理はいまや完璧なものになったと。

このように、「サイクレーター」は、政治的な事件収拾劇の重要な道具としての役割を与えられた。そして、事態はシナリオ通りに進行し、漁民はもちろん、熊本県知事の寺本氏も見事にだまされてしまった。

当時、寺本氏は、「サイクレーター」が動き始めると、もう患者が出なくなるから、調停を急がねばならないと考えていたのである。

5　見舞金契約

筋の通らないチッソの態度
――患者には「補償金」でなく「見舞金」

追いつめられた患者

当初、寺本氏は、漁業紛争は「治安問題」として知事が引き受けなければならないが、患者補償は「民事問題」として本来当事者が解決すべきものだと考えていた。元内務官僚である寺本氏一流のスジ論である。

実際、寺本知事が組織した「不知火海漁業紛争調停委員会」は、その名称はもちろん、調停委員の顔ぶれをみても、もっぱら漁業紛争の調停を念頭に置いており、患者の補償問題を扱うにはおよそ不適切な委員会であった。

一方、チッソは、水俣病と切り離すことを条件として漁業補償には応じたが、患者の被害は水俣病そのものの被害であり、原因者が確定しない限り補償には応じられないという態度をとっていた。このことも、寺本氏が患者補償に手をつける気になれない理由の一つであった。

しかし、調停に当たって、寺本氏が患者補償を除外した最大の理由は、その問題がまだ「治安問題」にはなっていなかったという点にあろう。国・県を含めて、日本の行政は、「治安問題」にならない限りは決して動こうとはしないからだ。

水俣病患者とその家族は、漁業紛争の成り行きを見守りながら、自分たちは置き去りにされているとの思いを強くしていた。追いつめられた患者・家族は、一九五九年一一月に入ってようやく行動を起こした。

まず、一一月二一日、水俣病患者家庭互助会の代表は、水俣市長とともに熊本県庁を訪れ、寺本知事に対して、漁業紛争に優先して患者の補償問題の解決に尽力してほしい旨の陳情書を提出した。つづいて、一一月二五日、互助会は、チッソに対して、はじめて患者一人当たり一律三〇〇万円（患者七八名、総額二億三四〇〇万円）の補償金の支払いを要求した。

水俣病患者家庭互助会は、一九五七年八月に結成された被害者の組織であり、奇病の原因究明に協力し被害者の救済に当たることをその目的に掲げていた（初代会長は渡辺栄蔵氏）。患者家庭互助会は、一九六九年四月、厚生省に対する「確約書」の提出をめぐって一任派と訴訟派に分裂するが、それまでは唯一の患者団体として活動をつづけた。

知事あてに提出した陳情書は、水俣病患者が社会的に公にした最初の文書である。短い文章だが、そこには患者の深い苦悩が表出されている。

患者とその家族は、想像を絶する病苦と生活難にあえぎながら、ひたすら原因の早期究明に望みを託してきた。ようやく一一月一二日に出た食品衛生調査会の答申でも、結局、だれがこの悲惨な奇病を発生させたかについては、結論を見ないままに終わった。しかし、チッソ水俣工場が加害者であることは、何人も否定できない事実であり、排水処理につき監督する立場にある政府にも重大な責任がある。このように、陳情書は述べている。

患者側の要求に対して、チッソは、一一月二八日、原因不明を理由にあげて、現時点では補償の要求には応じられないと回答した。その日から、患者家庭互助会は、水俣工場正門前で抗議の座り込みに入った。この座り込みは、寒風の吹きすさぶなかで一ヵ月間つづくことになる。

抗議の座り込み

ところで、事態の推移を見ていた寺本知事は、当初あれだけ渋っていた患者補償の問題にようやく取り組むハラを固めた。寺本氏の決断をうながした事情の一つは、いうまでもなく患者家庭互助会の座り込みである。工場正門前での患者の座り込み（チッソは、これを「ピケ」といっていた）は、チッソにとって頭痛の種であった。チッソは、互助会の幹部に座り込みを解くように説得をこころみたが、もちろん説得できるはずはなかった。

寺本氏を動かしたもう一つの事情は、チッソが知事らの調停に応じる姿勢を示したことであった。当時の状況のもとで調停が成功するかどうかは、チッソの態度いかんにかかっていたといっても過言ではない。それほど、チッソは、患者との力関係において圧倒的に優位に立っていた。チッソが調停に応じる姿勢を示したといっても、寺本知事らに問題を白紙委任したわけではない。チッソは、調停に応じる条件としていくつもの要求を提出し、それが受け入れられない限り、調停には応じられないという姿勢であった。

チッソは、水俣病の原因が確定していないことを理由に、患者に支払う金は補償金ではなく「見舞金」とすべきだと強く主張した。そして、将来、チッソに責任がないと確定した場合には、その時点で「見舞金」を打ち切るという。これは、一応もっともな主張だが、さらに、チッソは、将来、チッソに責任があると確定した場合でも、一切補償金の支払いはしないというのだ。これは、どうみても筋の通らない主張である。チッソが原因者と確定したときには、改めてきちんと補償するというのが道理であり、常識だろう。

寺本氏も、チッソの主張には無理があると思ったという。

しかし、寺本氏は、患者補償に関する調停を成立させ、それに基づいて金を払わせるには、チッソの出した条件を全部飲むしかないと判断した。この時点で、調停案の骨格はほとんど出来上がったも同然であった。

残る問題は、いかに患者家庭互助会を説得するかということであった。

全員涙をのみ調停案を受諾
――執拗な説得工作で追い込まれた患者側

医療費負担が重く

一九五九年当時、水俣病患者を抱えた家庭は、どこも極度に窮迫した生活を余儀なくされていた。患者家庭の大半は零細漁民だが、主な収入源である漁業ができなくなり、そのうえ医療費の負担が重くのしかかっていた。

どの患者家庭も、船や漁網はもちろん、持っていたわずかばかりの畑まで、とっくに手放していた。実家や兄弟など、借金できるところからは手当たりしだいに借金を重ねて、当座の生活費や医療費に当てるという状態であった。それでも、米や醤油など日々の生活必需品を確保することさえ容易ではなく、患者が亡くなっても、満足に葬式も出せない家庭が少なくなかった。こうして、生活保護に頼らざるを得ない家庭が続出した。

患者家庭は、経済的に窮迫していただけではなく、社会的にもまったく孤立無援の状況に置かれていた。当時は、補償問題について相談に乗ってくれる弁護士はもちろん、物心両面から患者・家庭を支援してくれる心ある市民もまだいなかった。水俣工場の労働組合である新日窒労組も、患者に支援の手を差しのべようとはしなかった。

このような状況のなかで、患者家庭互助会に対する調停工作が始まるのである。

当時、互助会側の交渉委員の一人であった竹下武吉さんのメモによれば、その経過は、おおよそ次のとおりだ。

まず、一二月六日、水俣市議会の渕上議長が座り込み現場に現われ、互助会の幹部を水俣工場の面会室に案内して話し合いをもった。これが、補償調停についての最初の打診である。

渕上氏は、一人当たり三〇〇万円の要求に固執していては、いつまでも解決がつかないので、会社と患者双方の立場をよく考えて早く解決したいという。また、患者補償の考え方として、死亡者は一時金、生存者は年金の形にしてはどうかと打診。年金の形にすれば、会社は一度に大金を出さなくてよいし、患者も長生きすれば、それだけ金額が大きくなるのでかえって有利になるというのだ。

翌一二月七日には、寺本知事の命を受けて県商工水産部工鉱課長が水俣を訪れ、水俣市長立ち会いのもとで互助会の幹部と面接。このとき、はじめて金額について打診があった。工鉱課長は、洞爺丸《とうやまる》事故（一九五四年）の補償額や自賠法の保険金などの例を引いて、死亡一時金は三〇万円か五〇万円ぐらいが妥当な金額だという。生存者については、一年につき五万円か一〇万円という数字が出た。

互助会に最後通告

一二月一六日、再度、工鉱課長が水俣を訪れ、水俣市長、助役、市議会議長らの立ち会うなかで、調停原案を提示した。それによると、死亡者の一時金は、弔慰金三〇万円と葬祭料二万円、生存者の年金は、成年者が一〇万円、未成年者は一万円とし、未成年者が成年に達したときは、五万円に増額する。死亡者・生存者いずれの場合にも、発病のときから死亡または契約締結のときまでの間は年金相当額を一時金として支払う。

この調停原案の内容をみて、患者・家族からいっせいに不満の声が上がった。とくに、小児性水俣病患者の不当な扱いに対する不満は非常に大きかった。水俣病で愛児の生命を奪われ、いまなお重症の子どもを抱えて生きなければならない家族の苦しみは、言語を絶するものだ。植物状態で生きつづけた松永久美子さんの例を考えてみるだけでも、その補償額が成年患者の十分の一でよいとは、到底信じがたい。寺本知事を代表とする「不知火海漁業紛争調停委員会」の基本姿勢は、このような金額の出し方に象徴されているといってよい。

互助会は、ただちに調停原案に反対の意思を表明し、年金部分を含む補償金総額を一時払いとして、七八人の患者に平等に補償するように要求した。しかし、こうした要求は無視され、県の担当部課長、水俣市長、市議会議員などにより、互助会に対して繰り返し説得工作が行われ、患者側はしだいに追い込まれていった。

一二月二五日、寺本知事は、水俣市長を通じて、調停委員会の意向として未成年者の年金額を三万円に増額すると通知し、この線で互助会が調停案に応じるかどうかを午後五時までに文書で回答せよ、と迫ってきた。これは、互助会に対する最後通告といってよいだろう。しかし、三万円の金額についてはいぜん不満が多く、この時点でも、調停案は飲めないというのが互助会の多数意見であった。

一二月二七日に開かれた互助会の幹部会でも、調停案を飲むかどうかをめぐって紛糾し、意見を一本化することはできなかった。そうしたなかで、会長はじめ互助会の役員はつぎつぎに辞意を表明した。他の会員らの説得で辞意は撤回したが、役員たちの強い要請により、全員涙をのんで調停案を受諾することに決定した。そして、同じ日に、患者家族は、一ヵ月にわたった座り込みを解いた。

一二月二九日、水俣市役所の市長室に、水俣市長、県商工水産部の担当部課長、それに患者代表、水俣工場関係者が集まり、互助会とチッソの双方から正式に調停案受諾の回答をした。それをもとに作成した契約書（いわゆる見舞金契約）、覚書および了解事項の調印は、翌日に持ち越され、一二月三〇日正午から市長室において行われた。

矛盾の塊としての見舞金契約

患者側を追い込む

見舞金契約の調印にいたるまでの経過をみると、水俣病患者の補償処理は、もっぱらチッソのペースで進められたことがわかる。チッソは、寺本知事に対しても要求すべきことは遠慮なく要求し、調停委員会とその事務局を自在に動かしながら、最終的には調停案を飲まざるを得ない状況に患者側を追い込んでいった。

チッソの要求の激しさは、たとえば調印直前に提示された物価スライド条項をめぐる折衝にもよく現れている。覚書の原文には、「年金の額は、国の支給する恩給が物価の変動によって改定されたときは、その基準によって改定する」と定めてあったが、チッソ側はこれに強く反発し、長時間にわたって紛糾した結果、一二月二九日に予定されていた見舞金契約の調印は、翌三〇日に持ち越しとなった。その頑張りようは、あっぱれというしかない。

物価スライド条項は、結局、チッソの要求を入れて、著しい物価の変動が生じた場合には、双方協議のうえ年金額を改定することができると変更され、了解事項の形にすることで決着がついた。国の恩給が引上げられても、患者の年金は自動的には上がらないという仕組みだ。じじつ、その後の年金改定は、チッソとの「協議」がネックになって容易には実現しなかったのである。

こうして成立した見舞金契約がチッソ側にのみ一方的に有利にできていることは、いうまでもない。チッソにしてみれば、見舞金契約はこのうえない出来栄えであったはずだ。

いったい、チッソは、この矛盾の塊りともいうべき見舞金契約によって何を企図していたのだろうか。

この契約によれば、患者に交付する「見舞金」は、その名のとおり補償金ではない。しかし、同時に、これは補償金でもある。少なくとも、チッソは、そういいたいのだ。

チッソは、すでに細川医師が行ったネコ四〇〇号の実験結果から、水俣工場の排水が原因であることを知っていた。しかし、自らが原因者であることを隠すために、チッソは、通産省や日本化学工業協会と連携しながら、水俣病の原因はまだ確定していないと、声を大にして主張しつづけた。

見舞金契約も、原因者は不明という前提に立っている。そういう前提で、チッソは、水俣病患者に対して、補償金ではなく見舞金を交付するのだ。見舞金である以上、その金額が被害の深刻さに見合っているかどうかは問うところではない。実際、見舞金は、被災者に対する義捐《ぎえん》金であるかのように、日本赤十字社熊本県支部を通じて交付すると、契約には定めてある。

一二月一六日に提示された調停原案には、見舞金契約に基づいてチッソが負担すべき金額は、おおよそ一時金が二一〇〇万円、年金部分が五三〇〇万円、合計七四〇〇万円と算出してあった。未成年者の年金額を三万円に増額したとしても、見舞金の総額は八千万円か九千万円程度にしかならないだろう。しかも、年金総額は、すべての患者が平均余命まで生存するという、およそ非現実的な仮定に立って計算したものだ。

原因者不明を前提に

チッソは、例の「サイクレーター」を設置するために、工場内の付帯工事費を含めて約一億円を要したというから、見舞金の総額は、「サイクレーター」一基分の工事費にも満たない金額である。

ところで、チッソは、見舞金が患者に対する補償金であることを十分認識していた。じじつ、チッソは、その『水俣病問題の十五年』（一九七〇年）のなかで、契約当時、まだ水俣病の原因は分かっていなかったが、内容的には水俣工場の排水に起因するという立場でこの契約を結んだ、と述べている。

チッソが見舞金を補償金と理解していたことを示すなによりの証拠は、契約第五条のつぎの文言である。「乙（患者側）は、将来、水俣病が甲（チッソ）の工場排水に起因することが決定した場合においても、新たな補償金の要求は一切行なわないものとする。」患者側は、見舞金以外の請求権を一切放棄するという内容である。

第五条からも明らかなように、チッソは、患者補償としては、これが最終的なものだと考えていた。その点を補強するために、覚書には、見舞金は患者の近親者に対する慰謝料を含むということまで定めていた。用意周到で、まったくぬかりがない。

見舞金契約の原型は、一九二六年に結ばれた漁業被害に関する補償契約に見出すことができる。そのとき、チッソは、漁業組合が永久に苦情を申し立てないことを条件に一五〇〇円の見舞金を払ったが、その条件が見舞金契約の第五条に形を変えたと考えればよい。一般に「永久示談」と呼ばれる契約の原型は、さかのぼれば足尾鉱毒事件の示談契約にまで行き着く。それほど、この種の契約は、被害者抑圧の手段として長い歴史をもっている。

見舞金契約は、水俣病の原因はまだ確定していないという前提で締結された。チッソは、原因者ではないというポーズを作りながら、社会問題の解決のためと称して「見舞金」名目の低額補償によって水俣病事件そのものに決着をつけようとした。そして、それは見事に成功した。いや正確には、成功したかのように見えたというべきだろう。

被害防止より事件の封じ込め

――生活に窮して〝受諾〟に追いこまれる

二つの選択の可能性

一九五九年夏の有機水銀説の発表によって、水俣病事件は重大な岐路に立たされた。ここを起点として、チッソと行政が真剣に被害の拡大防止に努めるのか、それとも逆の方向に動くのかという二つの選択の可能性があったからだ。

今日までつづく水俣病事件の骨格は、この時期に、すなわち有機水銀説の発表から見舞金契約の調印にいたるまでのわずか五ヵ月の間にほとんど決定されたといっても過言ではない。

当時、水俣病の被害は、水俣湾の周辺から不知火海沿岸一帯にじわじわと広がりつつあった。このまま放置すれば、被害が際限なく広がることは必至という状況であった。このような切迫した事態を前にして、被害の拡大防止こそがチッソと行政にとって最大の急務であったはずだ。しかし、現実の事態は、それとはまったく反対の方向に動いていった。

ここで、もういちど、一九五九年夏以降の事件の動きを振り返ってみよう。

有機水銀説の発表後、水俣病の原因究明の舞台は、厚生省の食品衛生調査会に移った。一一月一二日に出た調査会の答申は、基本的には有機水銀説を再確認するものであったが、厚生省は、発生源の問題をタナ上げする形で水俣食中毒特別部会を中途で打ち切ってしまった。

その間、通産省は、厚生省を牽制し、清浦雷作氏や日本化学工業協会を動かしながら、水俣病の原因は確定していないという状況を意図的に作り出していった。食品衛生調査会の後を受けて発足した政府の水俣病総合調査研究連絡協議会は、最初からまじめに原因を究明するつもりはなかったとみてよい。

チッソの水俣工場をはじめ、同種工場における生産が計画通りに行われるようにするためには、水俣病の原因は、これ以上究明してはならない。それが通産省の一貫した戦略であったと思われる。その意味で、食品衛生調査会の答申は、おそらく通産省が妥協しうるギリギリの線であったにちがいない。

水俣病が工場排水に起因することがはっきりすれば、一時的には操業停止という事態も十分考えられるし、同じ生産設備をもつ同業他社にも問題が波及することは避けられないからだ。

チッソは五割増産

一方、社会的には、有機水銀説の発表以後、水俣工場の排水以外には汚染源は考えられないという見方がますます強くなった。チッソの水俣工場は、この地方ではただ一つの大化学工場であり、水銀汚染の発生源としては、これ以外には考えられないからであった。

漁民たちは、被害の拡大を食い止めるためには、排水停止以外にはないと考えていた。それはまさに問題の核心をついていたが、操業停止につながりかねない漁民の要求は、生産を最優先する通産省の立場とは根本的にあい入れないものであった。

こうして、排水停止の要求は無視され、それに代わって、有機水銀の除去にはまったく役に立たない「サイクレーター」の設置にすり替えられていった。チッソは、漁民たちの目をそらすために、一億円を投じて設置する「サイクレーター」がいかに完璧な浄化装置であるかを誇大に宣伝した。

水俣病の原因は不確定という状況を作り出し、排水停止の問題さえクリアしてしまえば、残るのは補償問題だけである。これは、通産省にとってはもはや二次的な問題にすぎない。むしろ、ある程度の金の支払いは、社会問題にまで発展した事件を収拾するために必要な経費ともいえよう。寺本知事らの調停に通産省があっさり同意した理由も、そこにあったとみてよいと思う。

いったんは排水停止を要求したものの生活に窮した漁民は、しだいに漁業補償の問題へと誘導され、最終的には調停案に示された低額補償を飲まざるを得ないところに追い込まれていった。患者補償についても、状況は少しも変わらない。互助会の補償要求は、原因はまだ確定していないという理由から、「見舞金」名目の低額補償によって決着をつけられた。

こうして、水俣病事件の処理は終わった。漁民と患者にいささかの金は支払われたが、水銀を含む排水はいぜんとして流れつづけ、水俣病の被害も日を追って拡大していった。しかし、社会的には、見舞金契約の調印をもって水俣病問題は終わったものとされ、いわば事件そのものに封印してしまったのである。当時、見舞金契約の調印を報じた新聞記事は、信じられないほど小さな扱いであった。

その間に、水俣工場では、チッソの花形商品として市場を独占していたオクタノール製造設備の増強工事などが急ピッチで行なわれ、一九五九年一一月には、五割増しの月産一五〇〇トン体制が完成した。一九六〇年の年頭に当たって西田工場長が誇らしげにいったように、水俣病事件にもかかわらず、一九五九年の工場の生産はきわめて好調で、業績はとみに上がっていた。チッソは、水俣工場をフル回転させながら、生き残りをかけて石油化学工業への転換を着々と進めていたのである。

〔見舞金契約書〕

契約書

新日本窒素肥料株式会社（以下「甲」という）と渡辺栄蔵、中津美芳、竹下武吉、中岡さつき、尾上光義、前田則義（以下「乙」という。但し本契約において乙は別紙添付の水俣病患者発生名簿記載の患者のうち現に生存する者については本人を、既に死亡している者についてはその相続人及び死亡者の父母、配偶者、子をすべて代理するものとする）とは両当事者間に生じた水俣病患者に対する補償問題について、不知火海漁業紛争調停委員会が昭和三十四年十二月二十九日提示した調停案を双方同日受諾して円満妥結したのでここに甲と乙とは次のとおり契約を締結する。

第一条　甲は水俣病患者（すでに死亡した者を含む。以下「患者」という）に対する見舞金として次の要領により算出した金額を交付するものとする。

一　すでに死亡した者の場合

㈠　発病の時に成年に達していた者

発病の時から死亡の時までの年数を十万円に乗じて得た金額に弔慰金三十万円及び葬祭料二万円を加算した金額を一時金として支払う。

㈡　発病の時に未成年であった者

発病の時から死亡の時までの年数を三万円に乗じて得た金額に弔慰金三十万円及び葬祭料二万円を加算した金額を一時金として支払う。

二　生存している者の場合

㈠　発病の時に成年に達していた者

(イ)　発病の時から昭和三十四年十二月三十一日までの年数を十万円に乗じて得た金額を一時金として支払う。

(ロ)　昭和三十五年以降は毎年十万円の年金を支払う。

㈡　発病の時に未成年であった者

(イ)　発病時から昭和三十四年十二月三十一日までの間、未成年であった期間についてはその年数を三万円に、成年に達した後の期間についてはその年数を五万円に乗じて得た金額を一時金として支払う。

(ロ)　昭和三十五年以降は成年に達するまでの期間は毎年三万円を、成年に達した後の期間については毎年五万円を年金として支払う。

三　年金の交付を受ける者が死亡した場合

すでに死亡した者の場合に準じ弔慰金及び葬祭料を一時金として支払い、死亡の月を以って年金の交付を打ち切るものとする。

四　年金の一時払いについて

㈠水俣病患者診査協議会（以下「協議会」という）が症状が安定し、又は軽微であると認定した患者（患者が未成年である場合はその親権者）が年金にかえて一時金の交付を希望する場合は、甲は希望の月をもって年金の交付を打ち切り、一時金として二十万円を支払うものとする。

但し一時金の交付希望申し入れの期間は本契約締結後半年以内とする。

㈡　㈠による一時金の支払いを受けた者は、爾後の見舞金に関する一切の請求権を放棄したものとする。

第二条　甲の乙に対する前条の見舞金の支払は所要の金額を日本赤十字社熊本県支部水俣市地区長に寄託しその配分方を依頼するものとする。

第三条　本契約締結日以降において発生した患者（協議会の認定した者）に対する見舞金については、甲はこの契約の内容に準じて別途交付するものとする。

第四条　甲は将来水俣病が甲の工場排水に起因しないことが決定した場合においては、その月をもって見舞金の交付は打ち切るものとする。

第五条　乙は将来水俣病が甲の工場排水に起因することが決定した場合においても、新たな補償金の要求は一切行なわないものとする。

本契約を証するため本書二通を作成し甲、乙、各一通を保有する。

昭和三十四年十二月三十日

甲　新日本窒素肥料株式会社
取締役社長　吉　岡　喜　一
右代理人
新日本窒素肥料株式会社水俣工場
工場長　西　田　栄　一

乙
渡　辺　栄　蔵
中　津　美　芳
竹　下　武　吉
中　岡　さつき
尾　上　光　義
前　田　則　義

（契約書に付随する「覚書」と「了解事項」は略）

Ⅱ　第二の水俣病と認定問題

1　新潟水俣病

高度成長期に第二の水俣病
――封じ込められた〝事件〟が息を吹き返す

石油への転換を急ぐ

水俣病事件に一応の終止符が打たれた一九五九年は、日本経済が「岩戸景気」と呼ばれるほど活況を呈していた時期にあたる。

日本人の生活意識をも大きく変えていった本格的な高度成長は、すでに始まっていた。国民総生産の実質成長率は、一九五九年度が一一・二パーセント、一九六〇年度が一二・五パーセント、そして一九六一年度は一三・五パーセントという驚異的な水準に達した（竹内宏『昭和経済史』一九八八年）。

高度成長の牽引力は、「投資が投資を呼ぶ」といわれるような活発な民間設備投資であった。

生産規模を拡大し、量産効果を追求するための投資、石炭から石油へのエネルギー革命に対応するための投資、近づく貿易自由化に備えて国際競争力を強化するための近代化投資などが盛んに行われた。日本の対米貿易収支がはじめて黒字に転じたのもこの年であり、自由化への圧力は急速に強まっていた。

日本の有機合成化学工業もその例外ではなく、自由化に備えてアセトアルデヒドなどのコストダウンをはかるためには、カーバイドから石油への原料転換を急ぐ必要があった。カーバイド工業から石油化学工業への転換である。

チッソも、通産省が策定した第二期石油化計画のもとに、全社をあげて石油化学工業への転換を準備していた。そして、それに必要な膨大な資金を作り出すために、唯一の生産拠点である水俣工場に必要最小限の設備投資をしながら、ギリギリまでその生産能力を拡大していった。

このような高度成長と自由化の嵐のなかで、基本的な問題はすべて未解決のまま、水俣病事件は急速に忘れ去られていった。その間にも、海の汚染はつづき、水俣病の被害は広がっていた。

一九六〇年以降になると、水俣病事件をめぐる動きはめっきり少なくなるが、それでも調査と研究は地道に続けられていた。胎児性水俣病の本態を解明するための臨床的、病理学的研究、水俣湾を中心とする水銀汚染の調査と汚染源の追究、さらには不知火海沿岸住民を対象とする毛髪水銀量の調査などである。

このうち、毛髪水銀量の調査は、熊本県衛生研究所が一九六〇年一〇月から三年度にわたって実施し、延べ二七二六検体について分析したものだ。調査の結果、九二〇ｐｐｍという驚くべき高値を示した天草の女性を含めて、水銀汚染が不知火海の沿岸一帯に及んでいること、しかも、水銀値は、水俣市よりむしろ周辺地域で高くなっていることなどが分かった。

また、一九六一年夏、熊本大医学部の入鹿山教室（衛生学）では、水俣工場のアセトアルデヒド製造設備から採取したスラッジを分析し、塩化メチル水銀を結晶として取り出すことに成功した。これによって、原因物質であるメチル水銀化合物が水俣工場のアセトアルデヒド製造工程から流出していたことが突き止められた。この点については、先にくわしく述べたとおりだ。これとほぼ同じころ、水俣工場技術部のスタッフも、アセトアルデヒド工場の廃液（精ドレーン）から塩化メチル水銀を抽出することに成功していた。

新潟水俣病の発生

このように、一九六一年から六二年にかけて、水俣病の原因究明に重要な進展がみられ、最後の課題であった発生源の問題がついに解明されたのである。しかし、この段階にいたっても、水銀汚染を防止するための対策はまったく講じられることはなかった。チッソと行政にとって、水俣病はすでに処理済みの事件であったからである。

チッソが、装置内循環方式を採用してメチル水銀を含む排水が工程外に流出しないようにしたのは、ようやく一九六六年六月のことであり、新潟に第二の水俣病が発生してからのことだ。しかも、水俣工場におけるアセトアルデヒドの製造は、わずか二年後に、その役割を終えて停止することになっていた。

ところで、新潟水俣病の発生は、水俣病事件の関係者にとってまことに衝撃的な出来事であった。一九五九年末の時点では、水俣病事件は見事に封じ込められたかにみえた。しかし、そうではなかったのである。

新潟県の阿賀野川下流域には、すでに一九六三年秋ごろから原因不明の神経疾患が散発していた。一九六四年一一月に患者の一人が新潟大学医学部附属病院に入院したが、診断はつかなかった。翌年一月、すでに新潟大学医学部の神経内科教授に内定していた椿忠雄氏がこの患者をみて、はじめて有機水銀中毒症と診断した。新潟大学と県衛生部が新潟水俣病の発生を公式に発表したのは、一九六五年六月一二日のことである。

阿賀野川の河口から約六〇キロメートル上流にある昭和電工鹿瀬工場では、チッソ水俣工場とほぼ同じ製造工程でアセトアルデヒドを製造しており、その排水を無処理のまま阿賀野川に放出していた。水俣の経験から、新潟水俣病の発生は十分予測可能なことであったし、むしろ水俣病事件のずさんな処理が第二の水俣病をひき起こしたといってよい。

新潟水俣病の発生という衝撃的な出来事がなかったならば、多分、水俣病事件は封じ込められたままで終わっていたにちがいない。それが、いま息を吹き返したのだ。

初めて企業の責任を問う裁判
——新潟水俣病発生確認から二年目に

昭電側は「農薬説」を

水俣の苦い経験を教訓として、新潟水俣病の原因究明はかなり順調に進展したといってよい。公式発表直後の一九六五年一六日、新潟県は、新潟大学の協力を得て、新潟県有機水銀中毒研究本部を設置し、潜在患者の調査と原因の究明に着手した。

新潟では、当初、主に阿賀野川下流域が患者発生地域と考えられていたため、その地区の住民を対象として、徹底した健康調査が行われた。この調査は、対象地区の全世帯について聞き取り調査を行い、その結果から精密検査を要する者を選び出して、有機水銀中毒症であるかどうかを診断するというものだ。

また、健康調査と並行して、ふだん阿賀野川の魚を多食している沿岸住民を対象として毛髪水銀量の調査も行われ、そのデータは、水俣病の診断と対策に当たって重要な指標として活用された。新潟水俣病は、たまたま新潟を訪問中の椿氏が一人の入院患者を診察したことがきっかけになって発見されたが、この患者の毛髪水銀量は三九〇ｐｐｍという高い値を示し、これが診断の決め手になったのである。

調査の結果、水俣病患者三〇名（うち五名は死亡）、胎児性水俣病の疑いのある者一名、要観察者九名のほかに、妊娠規制を要する女性四七名が確認された。

その後の経過観察の結果、二〇〇ｐｐｍ以上もの毛髪水銀値を示しながら、初期にはほとんど症状のなかった者でも、数年経過後に水俣病の症状が出てくるという新しいケースも確認された（遅発性水俣病）。

汚染地区住民の健康調査と毛髪水銀量の調査。これが新潟における臨床疫学的調査の二本柱であり、これをもとに、口周囲と四肢末端の感覚障害などを主な特徴とする新潟水俣病の病像が形成された。当時は、阿賀野川の魚を常食とし、毛髪水銀量もかなり高い値を示しているが、臨床症状としては感覚障害しか認められない者も、問題なく水俣病と診断されていた。感覚障害のみの水俣病は存在し得るかという形で激しく争われている現在の状況と比べると、隔世の感がある。

同年九月、新潟大学の研究陣を加えた厚生省の新潟水銀中毒事件特別研究班（臨床、試験、疫学の三班より編成）が発足したため、その後の原因究明は、この研究班を中心にすすめられた。特別研究班は、一九六六年三月の中間報告の後、さらに慎重に汚染源の調査をすすめた結果、一九六七年四月、膨大な最終報告書をまとめて厚生省に提出した。それによると、新潟水俣病は、メチル水銀に汚染された阿賀野川の魚を多量に摂食して起こった第二の水俣病であり、その汚染源は昭和電工鹿瀬工場の排水以外には考えられないという結論に達している。

しかし、昭和電工はこれに納得せず、一九六三年六月に発生した新潟地震で信濃川に流出した可能性のある水銀系農薬が原因だという根拠のない「農薬説」を頑強に主張しつづける一方、被害者の補償要求には一切応じないと公言した。また、ここでも、通産省は、資料不十分を理由に工場排水説には疑問ありとして、昭電の立場を援護した。

新たな闘いへの体制

ところで、大学の関係者以外で奇病の発生を最も早くキャッチしたのは、患者発生地区に近い沼垂《ぬったり》診療所（民医連）の所長・斎藤恒医師であった。一九六五年八月、この沼垂診療所を中心に、弁護団など二二の団体からなる新潟県民主団体水俣病対策会議（民水対）が結成された。被害者の団体である新潟水俣病被災者の会が発足するのは、ようやく同年一二月のことである。

このように、新潟では、民水対という共闘組織がまず結成され、その働きかけで被災者の会ができた。企業の責任をはっきりさせるためには裁判を起こす必要があると被害者を強く説得したのも民水対であった。この点は、後々まで新潟水俣病闘争の性格を規定する要因になったことは否定できないと思う。

被害者たちの裁判アレルギーは非常に強かったが、やがて一人二人と訴訟を決意する人たちが出てきた。被害者の会は、最終的には、訴訟を起こすかどうかは会員個人の自由であることを確認した。こうして、新潟水俣病の発生確認から満二年目に当たる一九六七年六月一二日、まず三家族一三人（第一陣）が昭和電工に損害賠償を求めて訴訟を提起したのである。公害事件では、もちろん初めてのことだ。

一九六七年九月二〇日、水俣病患者家庭互助会は、新潟の民水対あてに一通の激励の手紙と一万円のカンパを送った。これがきっかけとなって、水俣と新潟の被害者の交流が始まったのである。翌年一月二一日には、被災者の会、民水対、弁護団などからなる新潟水俣病代表団がはじめて水俣を訪問し、合同で現地調査を行い、集会や交流会をもった。水俣現地では、新潟の訪問団を迎えるためもあって、一月一二日、わずか三六人の会員をもって水俣病対策市民会議（のちに水俣病市民会議と改称）が発足した。

水俣の患者・家族は、裁判を起こした新潟の被害者に勇気づけられ、また市民会議の支援を受けながら、新たな闘いに向けて徐々に態勢をととのえていった。まず、水俣病の原因について、政府の明確な見解を引き出すこと、それが当面の課題である。

「チッソが原因者」を出発点に
――うやむやにさせないという固い決意で

どこまで後退するか

新潟水俣病の被害者たちが裁判に踏み切ったことによって、状況は確実に変わりはじめた。訴訟の提起は、最初の水俣病事件のように原因をうやむやにはさせないという被害者らの固い決意を表わしていた。

新潟につづいて、一九六七年九月には四日市の公害患者が三菱油化などコンビナート六社を相手どって訴訟を起こし、翌一九六八年三月には富山のイタイイタイ病患者が三井金属を相手に訴えを提起した。これらの裁判を契機にして、公害問題はいまや大きな政治問題になりつつあった。

通産省を中心に、あいかわらず原因の究明を引き延ばし、原因を確定させまいとする力が働いていたが、もはやそれだけで押し切れるような状況ではなかった。一九六八年九月にいたって、政府は、ようやく水俣病の原因に関する公式見解を発表するが、それは被害者らの強い働きかけがあってはじめて実現したものだといってよい。

ここでも、最初にイニシアティヴをとったのは、新潟の被害者たちであった。新潟水俣病について政府見解が発表されるまでの経過を追ってみよう。

厚生省特別研究班の最終報告書は、そのままでは厚生省の正式見解にはならなかった。他の省庁の要請を受け、厚生大臣は、さらに食品衛生調査会に諮問する手続きをとった。食品衛生調査会は、特別研究班の報告書のほかに、昭電が提出した資料や昭電側の参考人の意見をも加えて審議した結果、一九六七年八月三〇日に答申を出した。

食品衛生調査会の答申は、新潟地震で水銀系農薬が流出した事実は認められないとして、昭電側の農薬説を明確に否定したうえで、昭和電工鹿瀬工場の排水中に含まれるメチル水銀が阿賀野川流域を長期かつ広域にわたって汚染したことが新潟水俣病の発生の「基盤をなしている」という見解をとった。

答申は、一九六四年一〇月から翌年二月にかけて沿岸住民の毛髪水銀量が急激に増加し、患者が異常に多発した原因については、資料不足から判断できないという。調査会は、長期にわたる継続的な汚染と短期間の濃厚汚染の二つの要因を推定し、前者が水俣病発生の「基盤」になっているものと判断した。

厚生省は、調査会の結論を厚生省の正式見解として科学技術庁に報告した。新潟水俣病に関する政府見解は、科学技術庁がとりまとめることになっていたからだ。ここで、とつぜん、科学技術庁が顔を出すのは奇異な印象をまぬがれないが、新潟水俣病の調査研究は科学技術庁の特別研究促進調整費によって実施したからだという。金を出した者が見解のとりまとめの責任も負うということだろうか。もちろん、科学技術庁は、自らは調査研究はしていない。

新潟の被害者からみれば、食品衛生調査会の答申自体、特別研究班報告書の結論から大きく後退したものだ。さらに通産省を加えた関係省庁で意見調整をするとなると、どこまで後退するか分からない。被災者の会と民水対の間で、しだいに危機感が高まった。

決着は裁判しかない

一九六七年一二月二二日、被災者の会は総会を開き、裁判闘争と並んで政府からきちんとした見解を引き出すことを当面の基本方針とすることを決めた。翌一九六八年三月には、水俣と新潟の被害者は、共同で厚生省、科学技術庁などに陳情し、水俣病の原因について速やかに結論を出すように要請した。

同年四月一五日、科学技術庁は、政府見解の原案を作成して関係省庁に示したが、それは、水俣病の原因となったメチル水銀の汚染源を断定することは困難だというものであった。明らかに通産省と昭電寄りの見解である。

これでは、食品衛生調査会の結論は無視されたも同然だ。厚生省は、科学技術庁に対してただちに原案の再検討を申し入れた。新潟の被災者の会が科学技術庁に強く抗議したことは、いうまでもない。

それまで極秘にされていたチッソの四〇〇号ネコ実験について、朝日新聞が一面トップで大きく報じたのは、八月二七日のことだ。この報道は大きな衝撃を与えた。

その一ヵ月後の一九六八年九月二六日、水俣病の原因に関する政府見解が発表された。科学技術庁が発表した新潟水俣病に関する見解は、全体としてややトーンダウンしているが、その基調において食品衛生調査会の答申に沿ったものといってよいだろう。政府見解は出たが、原因を争う昭電とは、結局、裁判で決着をつけるしかない。

一方、厚生省の責任で発表した水俣病に関する見解は、これまでの熊本大研究班の研究成果を要約したものだが、汚染源はチッソ水俣工場のアセトアルデヒド排水と断定している。これは一九六二年ごろには分かっていた内容である。しかも、水俣工場のアセトアルデヒド製造設備は一九六八年五月にはすでに稼働を停止していた。その意味で、政府見解の発表はあまりにも遅すぎたといわざるを得ないし、汚染源が確定したからといって、いまさら被害の拡大防止を期待すべくもないのだ。

しかし、水俣の患者・家族にとって、チッソが原因者と確定した意味は大きい。これを出発点として、患者・家族による新たな闘いが始まったからだ。

2　水俣病認定問題

基礎データ欠落の認定問題
——重症例に偏り穴だらけの医学的知見

膨大な数の棄却患者

水俣病が発見されてから数十年にもなるのに、水俣病の問題にはまだまだ未解明な部分が多く、ごく基本的な問題すら明らかにはなっていないのだ。不知火海沿岸住民のなかで、いったい、どれだけの人びとがメチル水銀を含む工業排水の被害を受けたのかという問題もその一つだ。

一般には、人的被害の数を示すものとして、認定患者の数が使われている。たとえば、一九九三年八月末現在の認定患者は、熊本・鹿児島両県を合わせて、二二五五人（うち一一〇二人が死亡）に上っている。ちなみに、新潟水俣病の認定患者は、六九〇人（うち二七四名が死亡）である。

これだけでも、大変な数の被害者である。

水俣病の原因に関する政府見解が発表されたのは一九六八年九月のことだが、そのころの認定患者は、熊本・鹿児島両県関係がわずか一一六人、新潟県関係は三二人にすぎない。その後、認定患者は、当時の二〇倍前後にまで増えたことになる。しかし、この二五年間に、ぞくぞくと新患者が発生してこうなったわけではない。じつは、この二つの数字の背後には、認定をめぐる複雑な歴史が隠されている。

これらの認定患者以外にも、膨大な数の「棄却患者」が存在する。県知事に認定申請したものの、水俣病ではないとして申請を棄却された人びとだ。そのうち、二千人以上の人びとが、それぞれ水俣病の被害者だと主張して訴訟を起こしているし、訴訟を起こさず、チッソと直接交渉をしている未認定患者も数百人に上っているのだ。

これは、いったい、どういうことなのか。

少なくとも、現在の認定患者数が水俣病の被害者全体を表わすものでないことは明らかである。これに、現在、名乗り出ているかぎりの未認定患者を加えても、なお被害者のすべてだということはできないだろう。このほかにも潜在患者がいる可能性は、誰も否定できないからだ。

水俣病の被害者は一万人を下らないだろうとか、未認定患者だけでも数千人はいるはずだ、ともいわれる。しかし、正確な実態は、だれにも分からないのだ。いまとなっては、必要な基礎的データが欠落しているために、その実態を把握することは不可能に近い。それほど、「水俣病」というメチル水銀汚染事件については、きちんとした調査が行われてこなかったのである。

借り物の診断基準

水俣湾から始まった水銀汚染が不知火海一円に広がっていることは、かなり早くから分かっていた。不知火海沿岸に住む人びとは、魚を通じて、多かれ少なかれ水銀汚染の影響を受けたはずだが、なかでも汚染魚介類を毎日多食していた漁民とその家族が最も強い影響を受けていたことは、まちがいない。

これらの水俣湾発症の可能性の高いハイリスク集団については、毛髪水銀量の検査を含めて徹底した健康調査を実施すべきであったし、比較的早い時期にそうした調査を継続的に実施していれば、メチル水銀による健康被害の実態はかなり正確に把握できたと思われる。しかし、このような徹底した調査はついに行われなかった。

もちろん、これまでに調査の手がまったく入らなかったわけではない。その一つに、熊本大学医学部第一内科が一九六〇年夏に実施した水俣湾多発地区の住民検診がある（徳臣ほか「水俣病の疫学」神経進歩七巻二号、一九六二年）。これは、多発地区の成人一一五二人を対象に調査したものだが、その結果、なんらかの症状をもつ有訴者が一二三人、そのうち精密検査を要する者が二四人発見され、結局、三人が水俣病と認定された。

今日からみれば、多発地区の住民一一五二人中、水俣病と認定された者がわずか三人とは、まったく信じられない結果だ。その後、これらの住民のなかから軒並み認定患者が出ているからである。

もう一つは、熊本大研究班が提唱して、熊本県が一九六〇年秋から実施した汚染地区住民の毛髪水銀量の調査がある（熊本県衛生研究所が担当）。この調査自体、けっして十分なものではなかったが、それでも被害の広がりを示す貴重なデータを提供した。しかし、このデータに基づいて、その後、きちんとした追跡調査が行われなかったばかりでなく、毛髪水銀量の調査もこの一回だけで終わってしまった。

水俣病の臨床医学的な研究もきわめて不十分で、研究の中心となった熊本大学医学部第一内科の臨床報告は、一九五九年末までに精査したわずか三四例しかない。これでは、症例自体が少ないだけではなく、急性劇症型を主とする重症例に偏りすぎている。これらのデータだけで、水俣病の実態に即した病像を形成するのは、どだい無理だろう。じじつ、熊本では、長い間、「ハンター＝ラッセル症候群」が水俣病の診断基準として使われてきた。これは、いわば外国の教科書から借りてきた診断基準である。

水俣病は、人類が初めて経験した巨大メチル水銀汚染事件であり、水俣病のまえに水俣病は存在しないのだ。水俣病の病像も診断基準も、目の前にある膨大な事実を基礎にして、自ら作り上げるほかないのである。しかし、熊本の医学者はそうはしなかった。

基礎的データの欠落と穴だらけの医学的知見。これが認定問題の不幸な前提であり出発点である。

認定申請と患者数の推移
――医学的・社会的要因が重なり低く抑える

イギリスの診断基準

「ハンター＝ラッセル症候群」という医学用語は、一般にはなじみのない言葉だ。私自身、水俣病の問題に首を突っ込むようになって、はじめてこの言葉を知った。

水俣病の歴史において、ハンター＝ラッセル症候群は、二重の意味でたいへん重要な役割を果たした。ひとつは原因究明の手段として、もうひとつは診断基準として。この二つの機能はまったく異なるにもかかわらず、熊本では混同されてしまうのである。

ところで、ハンターらが報告したメチル水銀中毒は、一九三七年に英国の化学工場内で起きた労災事故である。

これは、種子殺菌剤としてヨウ化メチル水銀、硝酸メチル水銀、リン酸メチル水銀などを製造していた化学工場で、無防備に近い状態で働かされていた労働者が口や皮膚からメチル水銀を体内に取り込んで中毒にかかったというものだ。水俣病とはちがって、メチル水銀の溶剤や粉末に直接接触して起きた中毒事件である。

工場内でメチル水銀にさらされた労働者は一六人、そのうち四人が中毒症状を呈し、それ以外の八人の尿中水銀が陽性であった。

診察に当たったハンターら三人の医師は、これら四例のメチル水銀中毒について詳細な臨床所見を報告した（一九四〇年）。発病から一五年後に患者の一人が死亡し病理解剖が行われたが、その病理所見は、一九五四年にドナルド・ハンターとドロシー・Ｓ・ラッセルによって発表された。水俣病が発見される二年前のことだ。

ハンターらの報告によれば、四人の患者に共通する主な症状は、四肢の感覚障害、言語障害、運動失調、難聴それに求心性視野狭窄であるが、患者によって症状の現れ方や程度にはかなりの差がある。

このように、一般にメチル水銀中毒は、いくつかの臨床症状からなる症候群である。ハンターとラッセルによってその病理像がはじめて明らかにされたことから、医学上、メチル水銀は「ハンター＝ラッセル症候群」と呼ばれるようになった。

熊本大研究班は、試行錯誤を重ねながら水俣病の原因究明に努めていたが、長い間、その正体をつかみかねていた。熊本の医学者たちは、ハンターらの報告に接して、ようやく有機水銀説の結論に到達することができたのである。

たとえば、臨床症状についてみると、研究班は、患者の示す多彩な症状について発現率を算出し、発現率の高い症状を拾い出してハンター＝ラッセル症候群と比較するという方法をとった。これは、水俣病の本態と原因を突きとめるためには、たしかに有効な方法であった。

しかし、現実の水俣病をハンター＝ラッセル症候群と同一視し、これを水俣病の診断基準として絶対化するのは、明らかに誤りである。同じメチル水銀中毒といっても、両者は発生のメカニズムがまったく異なる。水俣病は、広範な環境汚染を基盤とし、食物連鎖を通じて発生したメチル水銀中毒であり、ハンター＝ラッセルのケースよりはるかに巨大で複雑な事件である。その意味で、水俣病はハンター＝ラッセル症候群ではない。

強かった漁協の圧力

水俣病の病像や診断基準は、水俣病患者を実際に診察して得られた経験的なデータをもとにして新たに作り上げるほかないのだ。しかも、いったん作り上げた水俣病像も、その後の調査の結果に照らして不断に修正されなければならない。こうした手続をふまないで、ハンター＝ラッセル症候群を教科書とし、そこに記載されている主要症状が全部そろわなければ水俣病ではないと考えるとすれば、少数の典型例だけが水俣病とされ、それ以外のものは水俣病ではなくなってしまうだろう。

じじつ、熊本では、かなり長い間、そのような扱いがまかり通っていた。このことは、認定数の推移に如実に現れている。たとえば、一九六一年から一〇年間に認定された患者数をみると、一九六二年に一括認定された一六人の胎児性患者は別として、一九六一年が二人、一九六四年が八人、一九六九年と一九七〇年が各五人にとどまっている。一九六三年と、一九六五年から一九六八年までは、一人の認定もない。胎児性患者を除けば、この一〇年間に認定された患者はわずか二〇人にすぎないのである。

これには、認定基準の問題以外にも、いろいろな要因がある。熊本大第一内科が実施した住民検診の結果、水俣病は一九六〇年をもってほぼ終息したものとされ、それ以後に発病した患者がほとんど認定されなくなったことも、そのひとつである。

また、この時期は、認定申請の数が少なかったことも否めない。水俣病の被害者にとって、認定申請そのものが勇気のいる行為であった。隣り近所や家族に対する気兼ねがあるし、申請させまいとする漁協の圧力もある。あえて認定申請に踏みきれば、金目当てではないかという風評が立ち、家族の結婚や就職にさしさわりがあるという理由から認定申請を断念した例も少なくない。認定患者が一人でも出たら、その地区の魚が売れなくなるという圧力も非常に強かった。

このように、医学的な要因と社会的な要因が重なって、認定患者の数は極端に低く抑えられてきた。その厚いかべが破られるのは、ようやく一九七〇年以降のことである。

認定制度を根底から見直す
――患者宅を訪ね申請すすめる川本輝夫さん

断定する権威が必要

訴訟派の患者・家族がチッソを相手どって訴えを提起したのは、一九六九年六月のことだが、ちょうどそのころ、一人の「棄却患者」が毎日のように患者多発地区の家々を訪ね歩いていた。胎児性患者の母親をはじめ、いろいろな症状をもちながら、まだ認定されていない患者宅に足を運んでは認定申請をすすめて歩くのである。それは、川本輝夫さんの姿であった。

川本さん自身、一九五五、六年ごろから手足がしびれはじめ、症状が悪化した一九六〇年ごろには、歩行中、はきものが脱げても自分ではまったく気がつかないほどになった。そのほか、長く話していると舌がこわばってくる、全身の筋肉がピクピクするなどの自覚症状があった。

じつは、水俣湾周辺で漁業をしていた川本さんの父も、手足のしびれ、聴覚障害、歩行障害などがひどく、最後は精神症状も加わって入退院をくりかえしていたが、一九六五年、水俣病の疑いがあるにもかかわらず、未認定のまま亡くなっていた。父の死後、川本さんの無念の思いは深まるばかりであった。

一九六八年秋、川本さんは認定申請にふみきった。しかし、翌一九六九年五月末に川本さんが手にしたのは一片の「否定」の通知であった。もちろん、納得はできなかった。これをきっかけに、川本さんは精力的に患者家庭を訪ねてまわるようになった。当時、患者多発地区では、認定患者とほとんど区別のつかない症状をもつ患者は決してめずらしくなかったが、こうした人びとに認定申請をすすめても、それに応じる人はまだ少なかった。川本さんは、未認定のままに放置されている多くの患者に接するにつれて、こみあげる怒りを抑えることができなかった。認定制度を問う闘いは、このようにして始まったのである。

水俣病の認定制度は、一九五九年一二月に発足した「水俣病患者診査協議会」にまでさかのぼる。同年一二月一六日、熊本県の工鉱課長が患者側に調停原案を提示した際に、新たに設置する診断委員会について、次のような説明をした。一個人の医者の診断では、原因の立証があっても、会社側は補償に応じない。したがって、水俣病と断定する権威が必要なのだと。

このように、診査協議会は、チッソの要請にもとづいて、見舞金の受給資格者を決定するために設置されたものといってよい。実際、見舞金契約には、この契約締結後に発生する患者については、診査協議会が認定した者に限って見舞金を交付すると定めていた。その後、診査協議会は、熊本県条例で「水俣病患者審査会」に改められるが、その性格や機能に変わりはない。

厚生大臣に審査請求

一九六九年一二月、「公害に係る健康被害の救済に関する特別措置法」(いわゆる救済法)が施行され、これにもとづいて「公害被害者認定審査会」が発足した。従来の認定制度は、救済法により国の制度として整備されたことになる。

川本さんらは、新法が制定された機会に再度申請することにした。一九七〇年一月、審査会でいちど否定された者を含めて二九人の未認定患者が認定申請をした。これは、川本さんによる患者発掘の成果であることはいうまでもない。

しかし、審査の結果は、患者側の期待を大いに裏切るものであった。このとき認定された患者はわずか五人、答申保留が一五人、川本さんを含めて残り九人が棄却された。この結果は、新しい法律ができ、審査会が変わっても、患者認定をめぐる状況は少しも変わっていないことを物語っていた。

棄却決定の通知には、この決定に不服があれば、六〇日以内に厚生大臣に審査請求の申し立てができる旨、教示してあった。それを手掛かりにして、川本さんら九人の「棄却患者」は、一九七〇年八月、認定申請を棄却した処分について厚生大臣に審査請求を申し立てた。水俣病事件では、もちろん初めてのことだ。

川本さんを含めて審査請求を提起した患者たちは、これが水俣病認定制度を根底から問い直す闘いであり、どれほど大きな可能性をはらむ行動であるかは、多分、まだ予感していなかったにちがいない。

患者側の主張を理論的に裏付ける作業は、審査請求の行動を起こした後に始まった。東京・熊本の水俣病研究会の有志と弁護士の後藤孝典氏とでワーキング・グループを作り、認定制度の問題点を徹底的に洗い出す作業を開始した。

同年一一月、熊本県知事が厚生省に提出した弁明書は、おどろくべき内容であった。この書面は、患者らの審査請求の棄却を求めたものだが、その理由として持ち出しているのは、審査会委員が全員一致で決定したものであるから、「これ以上正確で権威ある診断はない」という一点である。それ以外に理由らしい理由はなく、文字通り問答無用の姿勢である。

これに対して、患者側は膨大な反論書を提出した。そこでは、水俣病認定の医学的根拠と認定制度の運用の実態をくわしく分析したうえで、認定に当たって守るべき原則を一一項目にわたって具体的に指摘した。それは、今日でも十分通用する内容である。

画期的認定基準示した環境庁
――被害者の実態に即し〝範囲〟広げる

認定に変化のきざし

認定審査会における審査は、文字通り「密室のなかの審査」であり、判断の基準にした検診資料はもちろん、審査の経過も一切明らかにしない。認定申請を棄却された患者は、いったい、どういう理由で棄却されたのかも分からないのである。

水俣病と認定されるかどうかは、患者個人にとっては重大な問題である。審査会が水俣病ではないというなら、その理由を知る権利が患者にはあるはずだ。ただ結果の通知を受けるだけというのでは、患者の主体性はないにひとしい。

川本さんらは、こうした審査会の実態を明らかにするために、行政不服審査法が保障する手続上の権利を最大限活用して、審査会の検査所見などの関係書類の提出、水俣における現地調査、椿忠雄氏ら参考人の陳述と審尋《しんじん》を要求した。

審査会の議事録は、熊本県議会で暴露された結果、県側がしぶしぶ厚生省に提出したものだが、一九七〇年二月二〇日の第二回審査会議事録をみると、そこには、審査会の判定は補償と関連があるので、その点も考慮して慎重を要するという文言がある。これは、補償とからんで、水俣病の認定がいかに歪められているかを示すものだ。

患者側が反論書を提出したのは、一九七一年三月。それにつづいて、四月に現地調査、五月には参考人の陳述と審尋が行われた。審査会の実態が明らかになるにつれて、熊本県と審査会は、社会的にしだいに追いつめられていった。

その結果、ようやく水俣病認定をめぐる状況に変化のきざしがみえてきた。その最初の現われが、一九七一年四月の審査会における一三人の認定である。これは、当時としては久々の大量認定であった。これに勇気づけられた未認定患者がつぎつぎに認定申請にふみきり、同年八月末現在でついに一〇〇名を越すまでになった。

川本さんらの審査請求については、一九七一年八月七日、環境庁長官の名で裁決が出た。同年七月一日の環境庁の発足にともない、事件は厚生省から環境庁に移管されたのである。裁決は、患者側の主張を全面的に受け入れて、熊本県知事の認定申請棄却処分を取り消した。また、この裁決と同時に、同じ趣旨の環境庁事務次官通知が出され、これによって従来の認定基準は大きく改められた。

このような形で認定基準が改められたのは、認定制度の歴史のなかで初めてのことであり、その意味でもこの環境庁裁決は画期的なものであった。

曖昧だが合理的理由

環境庁が裁決のなかで提示した水俣病認定の要件は、おおよそ次のとおりだ。

水俣病は多彩な臨床症状をもつ症候群であるが、そのうちのいずれかの症状があって、その症状が有機水銀の影響によることがはっきりと認められる場合はもちろん、疫学的資料等から判断して有機水銀の影響が否定し得ない場合にも、水俣病の範囲に含まれる。

さらに、次官通知のなかで、認定に当たっては症状の軽重を考慮する必要がないこと、また、行政上の認定は補償の対象者を決定するものではないことを強調している。

裁決の文章は、役所風のスタイルで書いてあり、たいへん分かりにくい。これでは、当事者である患者はもちろん、審査会の医学者もよく理解できないだろう。じじつ、裁決や次官通知の内容について県当局を通じて審査会委員から照会があり、環境庁公害保健課長がその読み方を説明する通知まで出している。

熊本の認定審査会は、これまでハンター＝ラッセル症候群を診断基準としていたため、四肢末端の感覚障害、運動失調、求心性視野狭窄、難聴などの症状がそろわないと、水俣病とは認定しなかった。これらの症状のなかでも、求心性視野狭窄をとくに重視していた。また、ハンター＝ラッセルの症状が全部そろっている場合でも、症状の軽い場合には、なかなか認定されないという傾向もあった。

裁決は、こうした考え方をきびしく批判し、被害の実態に即して水俣病の範囲をもっと広くとらえるべきだといっているのである。

新しい認定基準のなかで最も論議の的になったのは、「有機水銀の影響が否定し得ない場合」の意味である。たしかに、この表現には、曖昧で分かりにくいところがある。有機水銀の影響が「認められる場合」と「否定し得ない場合」のちがいは、水俣病であるという蓋然性の程度の問題といってよい。

有機水銀の影響が「認められる場合」とは、ある患者が水俣病である可能性が八〇〜九〇パーセント以上あるという意味であり、その影響が「否定し得ない場合」とは、当時の大石環境庁長官が国会答弁で述べたように、水俣病である可能性が五〇〜六〇パーセント以上あるという意味である。

環境庁は、なぜ、こういう曖昧な表現を使わざるを得なかったのか。

汚染地域住民の健康調査が徹底して行われ、被害の実態に即した水俣病像が形成されていれば、もっと明快な表現が可能であったと思う。しかし、水俣の現実は、そうなってはいないのである。水俣病に関する調査研究が不備で、基本的データすらそろっていないという状況のもとで、被害者をできるだけ漏れなく認定しようとすれば、こうするしかないのであって、一見、曖昧な表現にも十分合理的な理由があるのだ。

複雑な利害生んだ次官通知
——自主交渉派患者の孤立化狙うチッソ

審査会会長らが辞意

環境庁による新しい認定基準の採用は、チッソはもちろん、審査会委員の間にも反発をひき起こした。新しい認定基準は、誕生直後から、患者・チッソ・医学者それに行政を加えた複雑な利害状況のなかで激しい論議の的になっていくのである。

まず、採決後初めて開かれた審査会で、一〇人の委員のうち、審査会会長・徳臣氏（熊本大学医学部第一内科教授）を含む七人の委員が環境庁裁決を不満として辞意を表明した。

裁決は、従来の認定基準の基礎になっていた病像論を批判したことになるが、水俣病とはハンター＝ラッセル症候群であると固く信じてきた者にとっては、自分の立場や権威を否定されたにひとしい。これでは医学者としての面目が立たない。徳臣氏らの反発は、そうした非合理的な動機から出たものといってよく、それだけに厄介な問題であった。

困り果てた熊本県知事は、大石環境庁長官に審査会委員の説得を願い出たが、徳臣氏らはそれでも納得はしなかった。結局、環境庁が屋上屋を架す類いの異例の公害保健課長通知（いわゆる解説書）を出すことで、ようやくこの問題に決着がついた。

このような経過をみると、その後、審査会委員がはたして裁決の趣旨を正しく理解して審査に当たったかは、疑問に思う。

不服審査の過程で、熊本では汚染地区住民の健康調査がきちんと行われていないだけではなく、臨床的研究も十分ではないという実態が明らかになった。熊本県は、一九七一年六月、ようやく重い腰をあげて一斉検診を実施することを決定するとともに、水俣病像を確立するために必要な研究を熊本大医学部に委託した（第二次研究班）。いずれも、未認定患者の不服審査請求がもたらした成果といえる。

一九七一年一〇月、熊本県知事は、今回の裁決を受けて川本輝夫さんら一六人を新たに水俣病と認定した。これ以後に認定される患者は、新しい認定基準にもとづいて認定された患者という意味で「新認定患者」と呼ばれるようになった。

新しい認定基準は、「疑わしきは認定せよ」という趣旨だと一般には理解された。たしかに、このキャッチフレーズは分かりやすい。しかし、これは、新認定基準の理解として正確ではないだけではなく、新認定患者について誤解と偏見を生み出しかねない表現である。旧認定患者は医学上の水俣病であるが、新認定患者は行政上の水俣病であって、その医学的な根拠は明確なものではない、という受け取り方がそれだ。

裁決に批判的な徳臣氏も、新しい基準によれば、「すべての神経障害者が水俣病に含まれてしまうおそれがある」などと発言していた。いうまでもなく、これは環境庁裁決についての明白な誤解である。

長く厳しい自主交渉

チッソもまた、新旧の認定患者は別だという立場をとった。新認定患者は、厳密な意味で医学上の水俣病とはいえない以上、補償についても旧認定患者と同列に扱うわけにはいかないという。そして、チッソは、しつようにこの点を主張しつづけた。

チッソが関係方面に配布した「水俣病新認定問題について」と題する文書には、こう述べている（一九七二年）。

新しい認定基準によれば、「現実には、老衰その他の原因により体が衰弱して一部水俣病と似た症状が出た場合や神経痛が出たりした場合なども、水俣に住んでいて水俣地区の魚介類を食べてきた人が申請を行った場合、有機水銀の影響によるものであることを否定し得ないものとして水俣病と認定される可能性があり」「今後このような基準で認定されることになれば、その人数は莫大なものとなることが予想」されると。要するに、新認定患者は「疑わしい患者」だといいたいのだ。

認定患者の増加は、補償対象者が増えることを意味し、チッソにとっては由々しい問題である。その人数しだいでは、最悪の場合、補償倒産という事態さえ考えられるからだ。

じじつ、一九七二年以降、認定申請者の数は急増し、七二年末には四三九人にのぼった。訴訟派の判決が言い渡されたのは一九七三年三月のことだが、それをきっかけに認定申請が殺到するようになり、その年の申請者の数は、ついに二〇〇〇人近くにまで達した。それに応じて、認定数も急増した。環境庁裁決以降の認定数（累計）をみると、熊本県関係だけで、一九七二年末で二四七人、翌七三年末には七四七人にも達した。

このような認定患者の増加傾向は、チッソにとっては恐怖の的であったといっても過言ではない。川本さんらは、認定を受けた後、ただちに一人一律三〇〇〇万円の補償要求をかかげて、チッソに交渉を申し入れた。これに対して、チッソは、従来と認定の趣旨がちがうので、新認定患者の補償問題については中央公害審査委員会（中公審、現在の公害等調整委員会の前身）の調停に委ねたい、と主張した。それを拒否した川本さんらは、一一月一日から水俣工場正門前で、一二月初めからはチッソ東京本社で座り込みに入った。こうして、長く厳しい自主交渉闘争が始まった。

大多数の水俣市民にとっては、チッソの危機はそのまま地域社会の危機でもある。補償問題の円満解決を求めて「市民有志」による署名活動が始まり、チッソ社長らも参加して「水俣市を明るくする市民大会」が開催された。これは自主交渉派患者の孤立化を狙ったものだ。

環境行政の後退とチッソ救済
——パンを求めて石を与えられたも同然

第三水俣病の暗い影

一九七三年のオイルショック後の不況をきっかけに、環境行政はずるずると後退を始めた。被害者にとっては冬の時代の始まりである。このような時代状況のなかで、水俣病の認定問題はしだいに政治問題化していった。

最初に問題化したのは、認定申請者の急増に行政が対応しきれなくなり、認定の遅れがひどくなったことだ。遅延の主たる原因は行政の審査体制の不備にある。

一九七二年末には、すでに審査体制の限界は目に見えていたが、一九七三年に入ると、判決の影響を受けて、認定申請者の数が急増し、四月から八月までの五ヵ月間で一四四七人にものぼった。こうした状況に対応するために、熊本県は、それまでの二倍にあたる年間四八〇人審査体制に改めたが、この程度の改善策では焼け石に水であった。じじつ、七三年末の未審査数はついに二〇〇〇人を越えてしまったのである。

認定業務の遅れを解消するため、一九七四年夏には九州地区の大学と国公立病院から、延べ二三〇人の検診医を動員して集中検診が行われた。しかし、こうした患者の切り捨てにつながりかねない認定促進策は、患者たちの間に激しい反発をひき起こすだけの結果に終わった。この後は、認定遅れを解消する見通しがまったく立たない状態になった。

降って湧いたような「第三水俣病」問題は、マスコミが作り上げた事件ともいえるが、この事件も水俣病の認定に暗い影を落とした。問題の発端となったのは、熊本大の第二次水俣病研究班（班長・武内忠男氏）の報告書である。

もともと、この研究班の任務は、患者多発地域に住む住民の健康調査によって健康障害の実態を明らかにし、従来の水俣病像を再検討するのに必要な知見を得ることにあった。調査の対照地区として選ばれたのが有明海に面した天草の有明町であった。ここは有機水銀汚染の影響がないと考えられたからである。

ところが、研究班は、その報告書の末尾に、この有明地区から水俣病と区別できない症状をもつ数人の患者が見つかり、第三の水俣病の可能性がある、と言及していた。

これをスクープした朝日新聞は、一九七三年五月二二日、「有明海に第三水俣病」と大きく報じた。この衝撃的な記事は、たちまち巨大な反響をまき起こし、有明海沿岸はもちろん、全国各地に水銀魚パニックが広がった。魚の売れ行き不振で生活に窮した漁民は、汚染源と目された企業に対して激しく抗議し補償を要求した。

未認定のままの死

この問題に対する政府の対応は早かった。まず、六月二四日、魚介類の水銀暫定許容基準（総水銀で〇・四ｐｐｍ、メチル水銀で〇・三ｐｐｍ）を定め、これをテコに事態収拾に乗り出した。問題となった九水域の環境調査の結果、汚染は暫定基準以下であるとして、つぎつぎに「安全宣言」を行った。

有明地区の患者については、政府の水銀汚染調査検討委員会・健康調査分科会（会長・椿忠雄氏）が、現時点では水俣病の疑いがないというシロ判定を下した。これで、「第三水俣病」の問題は公式に否定されたことになる。

その結果、熊本大第二次研究班のメンバーは窮地に追い込まれ、認定審査会からも退場を余儀なくされた。代わって、新潟大の椿氏を中心とする神経内科グループの発言力が一段と強くなった。

知事の認定業務の遅れは違法だと主張して、申請中の患者が熊本地裁に行政訴訟を起こしたのは、一九七四年一二月のことだ。二年後の一九七六年一二月、熊本地裁は、認定遅れを解消する見通しさえ立たない状態は違法と判決した。この判決は、その後の一連の動きの出発点になったといってよい。

敗訴した熊本県が早急に違法状態の解消を迫られたことはいうまでもない。しかし、当時、すでに未処理件数は三二〇〇件を越えており、もはや熊本県の努力だけで打開できるような事態ではなかった。県側は、認定業務促進策について政府に要望を重ねた。

その柱の一つが審査認定基準の明確化であった。政府は、それに応えて、一九七七年七月、椿理論にもとづく「後天性水俣病の判断条件」を示した。さらに、翌七八年七月には環境事務次官通知で、「水俣病である蓋然性が高いと判断される場合」に水俣病と認定するように指示した。これは、明らかに一九七一年の次官通知からの大幅な後退である。じじつ、これ以後、認定申請しても、ほとんど認定されなくなった。

一九七一年の認定基準は、水俣病の被害者がかちとった最初にして最後の認定基準になった。この基準は、残念ながら、わずか六年しかもたなかったことになる。

熊本県は、認定促進策と引き換えにチッソ救済のための県債の発行を押しつけられた。これは、認定患者数の増加に音を上げた日本興行銀行（チッソの主力銀行）が、水俣病の補償問題は一企業の負担能力をはるかに超えており、これ以上チッソに融資はできないとして、当時の福田赳夫首相に直訴した結果である。

患者たちは、行政訴訟には勝ったが、実質的には、何も得るところはなかった。認定基準の改悪とチッソの救済。これでは、パンを求めて石を与えられたも同然である。こうして、患者の救済はますます遠のき、毎年、何人もの患者が未認定のまま死んでいった。

第2部　裁判――闘いの原点

Ⅲ　チッソと国の罪と嘘

1　裁判　患者との出会い

一人だけの病室の不思議な静寂
——眠りつづける少女のような重症患者

深い憤りをあらわに

私が初めて水俣を訪れたのは、一九六九年九月二六日のことであった。その日、同じ大学の同僚を誘って、熊本からバスで水俣に向かった。正午過ぎ、水俣駅前に降り立つと、目の前にはチッソ水俣工場の大きな建物が威圧するように立ちはだかっていた。駅前には、水俣病対策市民会議という現地の小さな患者支援グループの会長、日吉フミコさんが私たちを出迎えてくれた。この日の訪問も、水俣病を知るには患者に会うのが一番の早道だという日吉さんの強い勧めによるものであった。

日吉さんの案内で、まず訴訟派代表の渡辺栄蔵氏を訪ねた。渡辺さんのところは、当時すでに亡くなっていた妻と三人の孫が認定患者で、その後、渡辺さん自身と長男夫婦が水俣病と認定された。文字通り一家全滅といってよい。

渡辺さんは、その妻の発病から死に至るまでの経過、孫たちの病状や生活状況、裁判にかける決意などをこもごも語ってくれた。のちに第一次訴訟と呼ばれるようになる水俣病裁判は、その年の六月に提訴したばかりであった。

そのあと、胎児性患者・上村智子さんの家と、その筋向かいにある浜元二徳さんの家を訪ねた。浜元さんからは、急性劇症型の水俣病にかかり、最後は狂躁状態で亡くなった両親についての無念の思い、浜元さん自身の発病とその後の経過などについて聞かせてもらった。浜元さんは、深い憤りをあらわにして、「水俣病患者は人間として扱われていない」と訴えていたのが印象に残った。

それから、私たちは、水俣工場の排水口と工場の配置を自分の目で確かめたあと、静かなたたずまいをみせる不知火海を眼下に眺めながら水俣市立病院湯の児分院へと向かった。

ここを訪ねたのは、当時、植物的状態で生きつづけていた小児性水俣病患者・松永久美子さんに会うためであった。ベッドに横たわる久美子さんは、五歳で発病し、当時すでに一八歳になっていたが、やせ細った小さな体はまだ子どものままの状態であった。手足をつよく変形硬直させて微動だにしない。透き通るような端正な顔を上に向けたまま、少女は永遠に眠りつづけるかのようだった。話しかけてもまったく反応がない。たったひとりだけの病室には不思議な静寂が支配していた。

このような状態で、松永久美子さんはなおも生きつづけたが、一九七四年の夏、ついに二三年の生涯を閉じた。

鬼気迫る病理所見

熊本大学医学部の武内忠男教授によってまとめられた久美子さんの臨床経過と病理所見は、次のとおりだ。

久美子さんは、出生時に異状はなく、ふつうに発育していたが、一九五六年六月八日、五歳七ヶ月で発病。このころから、よだれがひどくなり、手指がふるえ、歩行障害が出はじめる。六月二〇日には発語不明瞭となって入院。七月三日には歩行不能、七月一〇日に視力障害、七月三〇日に発語不能になった。その後、急激に症状が悪化し、ついには狂躁状態になった。

八月末、大学病院に入院したときの所見では、機嫌が悪く、よく泣き、眠れない。狂躁状態になり、失禁もみられた。

身体所見では、硬直性麻痺、視力・聴力・言語・意識の各障害が著明で、寝返り、起立、歩行などがすべて不能。嚥下《えんげ》困難があり、著明な腱反射亢進、筋強剛、足クローヌス、四肢振戦、バビンスキー反射陽性。手は強く握りしめている。頸部硬直があり、ケルニッヒ徴候が陽性。眼底に異状がなく、対光反射はあるが、光に対する反応はほとんどない。一九五七年六月五日、最初のけいれんがあった。

一九五九年に大学病院を退院したときには、全症状に悪化の傾向がみられ、あまり泣けなくなり、けいれんは日に十数回もみられるようになった。膝、股関節は直角に曲がり、ときに脚をバタバタさせている。痴呆が進行し、四肢の強剛、痙縮が強くなり、運動機能および精神機能はまったく荒廃するに至った。

一九六五年湯の児分院に移り、一九七四年八月二五日死亡。

病理所見をみると、死亡時の脳重量は七七五グラムで、その減少率は三七パーセントにもなる。全身に発育不全が認められるが、とくに大脳皮質が障害されて海綿状態となり、また水俣病の特徴である小脳障害は、小脳の萎縮が顕著で、大量の神経細胞の脱落を来たしている。臓器中の水銀値は腎および脳の水銀値が異常に高く、とくに脳に沈着した水銀は正常値の四〇倍から一〇〇倍にも達している。

一見、無味乾燥な医学的記述だが、いまこれを読み返してみて、鬼気迫るものを感じる。有機水銀によって脳の中枢神経が破壊され、急坂をころげ落ちるように症状が悪化していったことが分かる。それにつれて、ひとりの少女の人間的な機能はつぎつぎに奪われ、ついには泣くことすらできなくなった。その極点が植物人間といわれる状態だ。この状態と比べるなら、激しい病勢に抗いながらたえず泣き叫んでいたころの久美子さんのほうが、まだしも人間らしい生を生きていたように思われる。

「この子はわが家の宝子ですばい」
——姿態をさらし精一杯生きた智子さん

いつも家族の中で

一九六九年九月に初めて会った水俣病患者のなかで、松永久美子さんとともに忘れられないのは、胎児性患者の上村智子さんである。

智子さんは、のちに訴訟派患者としての活動とユージン・スミスの写真をとおして広く知られるようになったが、私たちが訪れたころは、母親の胸に抱かれながら、ひっそりと生きていた。

胎児性患者は、胎児期に母体の胎盤を通じて有機水銀に冒された結果、脳の発育が不十分で、重い障害をもって出生した人たちである。

そのころ、上村さんの家は、茂道や湯堂と並んで水俣病多発地区のひとつである月の浦集落にあった。智子さんは、すでに十三歳になっていたが、まだ幼女のように母親の胸に抱かれていた。

私たちが訪ねたときも、智子さんは、発育の遅れた身体にくらべて不相応に大きくみえる頭部をのけぞるようにして母親の胸に抱かれていた。大きく見開いた眼はあらぬ方向を向いているが、閉じることのない口許にはわずかに微笑を浮かべているように感じられた。手の指と腕は曲がって変形し、やせ細った下肢も変形して棒のようになり、膝のあたりで交差している。

医学的な所見によれば、智子さんは、外界の刺激に対してほとんど反応がなく、植物的存在に近い状態である。発語はもちろん、ものをつかむなどの随意運動もまったくみられない。しかし、両親をはじめ家族にはもっと心の通う存在として受け止められていた。

母親の良子さんは、やわらかい響きをもつ水俣ことばで、とつとつと智子さんの日々の生活について話してくれた。その話しぶりには、いたいけな長女への思いの深さがにじみ出ていた。

智子さんの食事は一日の生活のなかでも大きな部分を占めており、自分ではよく飲み込むことができないため、親がかゆ状にした食べものを匙で少しずつゆっくりと口に押し込んでやらなければならない。そのため、一回の食事に短いときでも一時間、ときには二時間もかかることもあるということだった。入浴時はもちろん、夜眠るときも抱いたままのことが多く、一晩中、父親の好男さんと交代しながら抱きつづけているのだという。「この子はわが家の宝子ですばい」というのがこの夫婦の口ぐせだった。良子さんは、自分の体内にあった水銀をこの子が吸いとってくれたとこもいう。

松永久美子さんは、病院の個室で、ほとんどの時間をひとりで過ごしていたが、智子さんは、母親と父親の腕に抱えられながら、いつも家族の団欒のなかで過ごしていた。良子さんは、よほどの大事にならない限り、この子を入院させる気にはならないとも話していた。

休みなく裁判に通う

熊本地裁での裁判が始まると、訴訟派の患者・家族はバスに乗って水俣から通ってきたが、そのなかにいつも智子さんの姿をみることができた。三年九ヵ月の間、延べ五十数回におよぶ口頭弁論に智子さんはほとんど休むことなく通いつづけた。

法廷では、原告席の最前列に母親に抱かれた智子さんの姿があった。当初、裁判官たちは、いやおうなしに目に入る智子さんの異様な姿が気になってしかたがないといった風だったが、その姿はいつのまにか水俣病裁判の法廷には欠かせない風景の一部になった。

それだけではない。大阪で開かれたチッソの株主総会、判決前後のチッソ東京本社における交渉など、母親の良子さんの行くところには、必ず智子さんの姿があった。

このように、智子さんは、行く先々で自分の姿態を人目にさらしながら、すべての水俣病患者のために精一杯の働きをしてくれたといえる。

ここに一枚の写真がある。智子さんが成人式を迎えた日に、晴着を着飾って父親に抱かれている写真だ。それから一年足らず後の一九七七年一二月六日、智子さんは二一年の短い生涯を閉じた。

日吉さんに案内されるままに初めて智子さんと相対したとき、私は「これが人間だろうか、然り人間なのだ」という思いに圧倒された。智子さんの存在は、それほどに衝撃的だった。

まだ大学紛争のほとぼりが残っていた一九六九年の夏、私は、これから本格化する裁判を理論面で支援するための研究会に法律家として参加を求められ、それがきっかけで水俣病に関わるようになった。

しかし、私は、熊本という至近の場所にいながら、それまで水俣病についてはまったく無知であった。一九六八年から六九年にかけて、水俣現地では、事件史を書き替えるような大きな動きが始まっていた。そのことは新聞でも連日報道されていたはずだが、大学紛争の渦中にあった私の耳には届かなかったのである。

そういう状況のなかで、久美子さんと智子さんに出会い、私は、この人たちから自分自身が告発されているのだという思いを払拭することができなかった。人間の良心の問題として、私はこの人たちからもう逃げられないなと思った。

原因者チッソが仕掛けたワナ——最初から第三者機関による補償処理を画策

「確約書」がきっかけ

訴訟派の患者・家族が、水俣病の被害者としては初めて加害者チッソに対し損害賠償請求の訴えを起こしたのは、一九六九年六月のことであった。

この人たちは、当時、裁判に打って出る以外に選択の余地がないところまで追いつめられていた。患者・家族をそこまで追い込んだのは、いうまでもなくチッソである。したがって、提訴に当たって勝訴の見通しなどはまったく立っていなかったというのが実情だ。

提訴の直接のきっかけになったのは、「確約書」問題である。

一九六八年九月二六日、厚生省（当時）は、熊本大学医学部の水俣病研究班の見解を基礎にして、水俣病の原因に関する政府見解を発表した（いわゆる公害認定）。それは、遅ればせながら、水俣病がチッソ水俣工場のアセトアルデヒド製造工程で生成されたメチル水銀に起因することを公式に断定したものだ。

水俣病患者家族互助会は、あらためて原因者と決定したチッソに対して、死亡者一時金一三〇〇万円、生存者年金六〇万円の補償を要求することにして、交渉を申し入れた。

しかし、補償交渉は、冒頭から暗礁に乗り上げた格好でまったく進展しなかった。チッソは、政府が水俣病を公害と認定した以上、政府が補償の基準を示してくれないかぎり、具体的な回答はできないという態度で終始した。これは詭弁《きべん》以外のなにものでもない。そのようにして、互助会から厚生省に陳情するように仕向けていった。

陳情を受けて、厚生省はどう対応したか。行政の立場上、補償の基準を示すことはできないが、あっせん機関なら作ってやってもよいという。そして、その条件として、「委員の人選についでは厚生省に一任し、委員の出す結論には異議なく従う」という文面の「確約書」を提出するように求めた。これが「確約書」問題である。ちなみに、チッソは、早々と「確約書」を厚生省に提出していた。

これは、チッソが仕掛けたワナであった。「政府に補償の基準を作ってもらう」というのは口実で、最初から第三者機関による補償処理を画策していたのである。

チッソは、すでに見舞金契約締結の経験から、行政のつくる第三者機関の利用価値を十分知りつくしていた。

窮迫一途の患者家族

一九五九年（昭和三十四年）一二月、熊本県知事らの調停委員会が提示した調停案に基づいて、チッソ（当時は新日本窒素）と互助会との間で「見舞金契約」が締結され、これによって患者の補償問題に政治的な決着がつけられた。

この契約は、水俣病の原因が不明であることを前提として、チッソが認定患者に「見舞金」を出すというもので、その金額は、大人は年額十万円、未成年者は三万円と定められた。しかも、この契約には、将来、チッソが原因者と決定した場合にも、患者側は新たな補償金の要求はしないという権利放棄条項までついていた（第五条：一二三頁参照）。

このように、契約の内容は、チッソにとってきわめて有利にできていた。原因不明を口実に、わずかばかりの「見舞金」を支払って被害者の要求を押さえ込むというやりかたは、足尾鉱毒事件以来、日本の企業がとってきた常套手段である。この見舞金契約は、そのひとつの典型例を示している。

当時、患者を抱えた家庭は、収入の道を断たれ、入院費がかさみ、生活保護を受けてやっと息をつくといった状態で、無事に年を越せるかどうかも危ぶまれるほど窮迫していた。しかも、県・市の役人からは調停案を飲まなければ手を引くといった圧力もかかっていた。孤立無援の状況にあった患者・家族が、涙を飲んで受諾したのが見舞金契約である。

厚生省が求める確約書に判を押すかどうかをめぐって、互助会の内部では激論がつづいた。そのとき、多くの患者・家族の胸には見舞金契約を押しつけられた当時の苦い思いがよみがえっていた。ここで判を押せば、見舞金契約の二の舞になるおそれが多分にあったからだ。

一九六九年四月、互助会は、ついに一任派と訴訟派に分裂した。互助会の約三分の二の人たちは、やむなく確約書を提出することになり、残り三分の一の人たちは、これを拒否して訴訟を決意するに至った。一九七〇年の一任派の補償処理は、見舞金契約の改訂版でしかなかった。

ところで、水俣市は、チッソの工場とともに発展した典型的な企業城下町であり、市民の間には「チッソあっての水俣」という意識が深く根を下ろしている。

そうした地域社会のなかで、「訴訟派」とは、いわば「まつろわぬ民」であり、反逆者であるほかない。実際、訴訟派の患者・家族は、周囲からさまざまの圧力やいやがらせを受け、徹底的に孤立させられた。また、訴訟派に対する切り崩し工作が、あの手この手でしつように行われ、結審のころまで止むことがなかった。

しかし、訴訟派患者・家族の結束は崩れることはなかった。そして、この人々こそ水俣病事件の新しい歴史を作り出していったのである。

長い苦しみ　いま爆発のとき
——裁判はチッソに非道を謝罪させる場

象徴的な第一号法廷

水俣病訴訟の第一回口頭弁論は、一九六九年一〇月一五日、熊本地裁で開かれた。舞台となった第一号法廷は、その後の庁舎改築でとり壊されてしまったが、旧陪審法廷である。裁判官席に向かって左側のかなり大きなスペースは階段状に作られていて、もとは陪審員の座る場所であった。そこが原告席で、患者・家族は、ここに陣どって裁判の成りゆきを見守ることになった。

この構図は、まことに象徴的であった。木造の古めかしい陪審法廷は、水俣病の裁判にふさわしい舞台装置として、その後の展開を予感させる雰囲気をそなえていた。

その日、患者とその家族は、貸し切りバスで、早朝水俣を出発して熊本に向かった。地裁前でバスを降り立った患者・家族の表情は、緊張に包まれながらも、じつに晴れ晴れとしていた。

型通りの口頭弁論が終わって法廷を出た患者たちは、いよいよ裁判が始まって「自分が生き返ったような気がする」とその心境をうちあけ、また「長い間苦しみ抜いたが、いま爆発する時がきた」とも語った。

どんな裁判にも、それに関わる人間のドラマとしての面があるが、水俣病の裁判には、同じ舞台で同時並行して演じられる二つのドラマをみているところがある。

この裁判は、近代法のレベルでは、いうまでもなく水俣病の被害者が加害者チッソを相手どって損害賠償を求めた民事訴訟であり、チッソの過失責任の有無がその主要な争点であった。したがって、当事者双方とも、その点の主張と立証をめぐってしのぎを削る展開になったことはいうまでもない。

しかし、原告である患者・家族は、そうした訴訟の中味にはほとんど興味を示さなかったし、法律上の問題について弁護士に説明を求めたこともない。患者・家族の関心は、最初からそういうところにはなかったといってよい。

訴訟の常識からすれば、一風変わった「原告」たちであった。

患者・家族は、およそ近代法とは無縁の物差しでこの裁判を眺めていたのである。それは、日本の民衆の間にいまなお生きている日常的生活規範ともいうべき物差しである。患者たちの生活感覚からすれば、加害者であるチッソは、被害者に対して心から謝罪し、すべてを投げ出しても償いをすべきであり、それが人間の道理というものだった。

しかし、現実の水俣病の歴史は、本来被害者であるはずの患者がチッソと水俣市民に対する加害者に仕立てられ、加害者であるチッソが逆に被害者として扱われるという逆立ちした関係の歴史である。十数年にわたり患者・家族が体験させられた苦しみは、二重の意味で苛酷なものであったといえる。

患者・家族にとって、この裁判は、チッソの行った非道の数々を明らかにして、チッソに、まさに加害者として謝罪と償いをさせる場であった。

同時に、この裁判は、患者・家族にまたとない楽しみをも提供した。チッソの社長や工場長といった会社幹部は、水俣の民衆にとっては雲の上の存在である。しかし、裁判では、証人や補佐人として法廷に現れる。どんな顔をして登場するか、そして、どんな言い逃れをするのか。患者たちは、チッソの幹部や代理人の挙動を穴のあくほど眺めて、なお飽き足らないという様子だった。精神的には、明らかに患者たちが優位に立っていた。

「ほんによか芝居」

訴訟派の患者・家族は、一九七〇年一一月、大阪で開かれたチッソの株主総会に一株株主として姿を現した。患者・家族は、全国から集まった多数の支援者に守られながら、全員巡礼姿で総会に乗り込んだ。黒旗を押し立て、御詠歌をうたいつつ入場する患者・家族は、およそ株主総会には似つかわしくない異相の集団だった。

そこで、患者たちは、裁判にすら姿をみせないチッソの社長をつかまえて積年の思いをぶっつけ、口々に謝罪を要求した。

いわゆる一株運動は、もともと弁護士・後藤孝典氏の発案になるものであった。しかし、その独自な表現のスタイルを含めて、チッソ株主総会を患者と社長との直接対決の場に転化したのは、患者・家族自身の内面から噴出するエネルギーである。

株主総会から水俣にもどってきた患者・家族のひとりは、「ほんによか芝居だった」と感想をもらした。この人たちにとって、チッソ株主総会とは、ひとつの劇場空間であり、祝祭空間ですらあったといってよいだろう。

ここにも、近代法とはまったく無縁のところで思いをめぐらし行動する水俣病患者とその家族の姿がある。

訴訟派の裁判は、長い水俣病の歴史のなかで、はじめてチッソに対し被害者が反撃に転じたことを意味する。提訴にあたって、訴訟派代表・渡辺栄蔵氏は、「今日ただいまから、私たちは国家権力に対して立ち向かうことになったのでございます」と挨拶した。これまで、日本の国家は、水俣病患者に味方し救いの手を差し伸べたためしがない。訴訟派の患者・家族のゆくてには、まちがいなく分厚い壁が立ちはだかっていた。それを予感しての発言である。

2 「過失論」の構築

新しい「過失論」の方向を探る
――武谷三男氏とガーンハムの安全性の思想

水俣病研究会が発足

水俣病の裁判は、口頭弁論が始まった時点でも、いぜん勝訴の見通しは立っていなかった。しかし、もはや退路を断たれた患者・家族にとって、この裁判は、なんとしてでも勝たねばならない裁判であった。

水俣現地で訴訟派を支援する活動をしていた市民会議のメンバーは、見通しの立たない裁判に大きな危惧の念を抱いていた。そうした市民会議の呼びかけに応じて、一九六九年九月、水俣病研究会が発足し、理論面からこの裁判を支援していくことになった。

患者側が勝つためには、訴訟でチッソの過失を立証しなければならないが、それは決して容易なことではなかった。当時の法理論は、チッソを守る武器にはなっても、被害者がチッソの過失を立証するには、ほとんど役に立たなかったからである。

チッソの言い分はこうだ。自分の工場のアセトアルデヒド製造工程でメチル水銀が発生することはもちろん、それが水俣湾に流出し、そこに住む魚介類を汚染して水俣病を発症させるという事態はまったく予想もしないことだったという。要するに、水俣病の発生は、チッソにとってまったく予想外のことだから過失はない、というのだ。

当時の法理論によれば、過失があるかどうかは予見可能性の有無によって決まる。チッソが水俣病という被害の発生を予見できなければ、それを防止しようもないから、過失はないということになる。

このように、チッソは、自己の無過失を主張するために、当時の過失論を最大限に利用することができた。

水俣病は、環境汚染を媒介とした有機水銀中毒事件としては、人類が初めて経験した事件であり、水俣病の前に水俣病は存在しない。だから、この点を強調すればするほど、「予見可能性はなかった」というチッソの主張がもっともらしく見えてくる。

このような法理論のかべをどう乗り越えるか。これが水俣病研究会に委ねられた課題であった。

研究会は、十数人のメンバーからなるが、その顔ぶれはまことに多彩であった。数人の研究者のほか、市民会議と水俣病を告発する会の会員有志が主で、チッソの労働者も入っていた。このなかで、水俣病の専門家といえるのは熊本大学医学部の原田正純氏ぐらいで、あとはほとんど素人ばかりの集団である。

私たちは、まず水俣病の基本から勉強を始めた。教材は、熊本大学医学部の多年にわたる水俣病研究と宇井純氏の一連の調査研究の成果である。

私たちは大急ぎでこれまでの水俣病研究の跡をたどり、その到達点を確認することによって、当面の問題に取り組む必要に迫られていた。

電光のような閃き

このような勉強と並行して、従来の法律論と判例を徹底的に調査し、また新しい過失論の構築に必要な事実やデータの収集に努めた。とくに、水俣病の裁判では、豊富な事実やデータに基づいて事件の真実を明らかにし、それを十分ふまえて理論を組み立てていかないかぎり、法律論のかべを打ち破ることは難しいと考えていた。

その点で、私たちは、水俣病を企業内部から告発する決意を固めていた水俣工場の労働者たちをメンバーにもつという好条件にめぐまれていた。

次第に集まってくる資料やデータに基づいて検討を重ねるうちに、新しい過失論の方向はぼんやりと見えてきた。しかし、これだという理論の輪郭はなかなか浮かんでこない。そのころ、この問題は、四六時中、私の頭から離れることがなかった。

一九六九年一一月初めのことだった。その夜、何気なく「農薬の人体実験国・日本」と題する『朝日ジャーナル』の座談会（武谷三男・若月俊一・団野信夫）を読んでいると、武谷三男氏の次の発言が目にとまった。

「農薬に限らず薬物を使うときには、無害が証明されないかぎり使ってはいけないというのは、基本原則だと思うのですね。それを有害が証明されないから使っていいというのは非常に困るんですね。ここらへんにぼくは基本的な問題があると思うのです。」

この一節を読んだとき、電光のように閃くものがあった。チッソ工場排水についても、まったく同じことがいえるはずだと。

武谷三男氏の発言に触発されて、早速、同氏の『安全性の考え方』（岩波新書　一九六七）や『原水爆実験』（岩波新書　一九五七）などを読んだ。そして、武谷氏のいう基本原則が、原水爆実験の安全性をめぐる国際的な論争のなかで鍛え上げられたものであることを知った。

武谷氏の安全性の考え方とともに重要なヒントを与えてくれたのは、C・F・ガーンハムの『産業廃水処理の諸原則』（原書）という衛生工学の教科書である。これは、同じ研究会のメンバーであった二塚信氏（公衆衛生学）の紹介で知ったが、その基礎になっているのもやはり安全性の思想であった。武谷三男氏とガーンハム。この二人に出会うことによって、ようやく新しい過失論を構築することができるという展望が開けた。

有機水銀を無処理のまま排出
――国も適切な行政指導をせず被害を放置

安全性の考え方

水俣病がどのような仕組みで起こるかは、一九六二年半ばごろまでに熊本大学医学部の研究によってようやく突き止められた。チッソは、その段階まで、自己の工場廃水が原因で水俣病が起こるとは予想もできなかったという。

それなら、原因がはっきりするまで、工場廃水を無処理でたれ流すことは許されるのだろうか。これこそが安全性の問題である。

この問題は、まず核爆発実験による放射能汚染をめぐって激しい論争の的になった。アメリカの一部の学者は、降灰放射能の害が科学的に証明されていないことを理由に核実験の続行は許されると主張した。これに対して、武谷三男氏らは、逆に、降灰放射能が無害であることが証明されないかぎり、核実験はやるべきではないとし、それが正しい考え方だと主張した。

この論争は、安全性について一体だれが証明責任を負うのかという問題ともからんでいる。核実験を容認する側は、これに反対する者に対して、実験が有害だというなら科学的な証拠をあげよと要求し、証明責任を相手方に押しつけている。しかし、もともと危険な核実験を行う者こそ、自己の責任において無害であることを証明すべきであり、その証明がないかぎり、核実験をやるべきではないのだ。

この考え方を水俣病事件に応用すると、どうなるか。

チッソの水俣工場は有機合成化学工場であり、その廃水がきわめて危険なものであることは化学の常識に属する。そうした工場廃水の排出が許されるのは、それが無害だという証明がある場合に限られるべきで、無害かどうかはもちろん工場側の責任で証明すべきことだ。

水俣病の例をみても分かるように、工場廃水の害はすぐには現われないことが多い。それが有害であることが証明されるのは、環境が破壊され、住民の生命や健康が蝕《むしば》まれてしまった後だ。チッソのように、それから廃水対策にとりかかるのでは完全に手遅れである。

そうならないようにするためには、企業は、常時、廃水の分析や処理方法の研究はもちろん、排出先の環境の調査、排出後の汚染状況などの監視など、住民の安全を確保するために万全の注意をはらう義務があることはいうまでもない。

廃水の分析もせずに

ここに、「水俣工場の排水について」と題するチッソの文書（一九五九年一一月）がある。問題のメチル水銀を含むアセトアルデヒド設備廃水については、こう書いてある。この廃水は、一九五八年九月までは、ごく簡単な鉄くず槽を経て水俣湾にそのまま放流していた。その後、工場から大量に出るアセチレン発生残渣《ざんし》とともにその処理プールに送るように変更したと。なお、このプールは水俣川の河口にあるが、残渣の水分を抜いて海面を埋め立てるためのもので、もともと廃水処理を目的としたものではない。

こうした記述をみても、チッソが廃水を無処理のまま放出していたことは明らかだ。驚くべきことだが、チッソは、廃水の分析すらほとんどやっていない。しかも、一九五八年九月の百間から八幡プールへの排水路変更にともなって、それまで患者が出ていなかった水俣川河口周辺にまで発生地域が広がるという結果を招いた。

廃水処理の原則は、危険な廃水は工場の外に出さないということだ（ガーンハム）。チッソは、この原則を守らず、廃水のたれ流しをつづけた。その姿勢は、水俣病の発生が確認され、汚染源として水俣工場の廃水がつよく疑われていた時期にも、基本的には変わらなかった。

一方で廃水のたれ流しをつづけながら、他方、一九六二年半ばごろまで工場廃水が原因で水俣病が起こることは予想できなかったというのは、どういうことであろうか。

水俣病東京訴訟に対する東京地裁判決をみるにつけても、安全性の考え方は、残念ながらまだ日本では定着していない。

たとえば、一九五九年一一月当時、監督官庁である通産省は、チッソに対して適切な廃水処理や排水停止について行政指導をせず、被害の拡大を放置した。判決は、通産省がこのような行政指導をすべき義務はなかったとしたが、その理由として、水俣工場の廃水が汚染源であるとはまだ確定していなかったとか、そもそも排水中の有機水銀を定量分析する方法がなかったことなどをあげている。

排水中の有機水銀を定量分析する方法が確立するまでは、排水対策の立てようがなく、また水俣病の原因が科学的に解明されるまでは、汚染源と目されてた水俣工場の排水規制もできないという理屈だ。

これこそ、安全性の考え方と真向から対立する考え方だ。工場廃水の毒性を知るには、チッソもやったように、たとえば廃水をかけた餌をネコに食わせるというじつに簡単な実験によっても十分可能なことだ。

また、水俣病の原因解明まで待っていては手遅れであり、被害の拡大を食い止めるには、まず工場廃水を外に出さないようにすることが先決なのだ。

企業の不法行為責任を立証
――待ったなしの裁判に対応すべく集中

研究成果を自費出版

水俣病研究会は、一九六九年一〇月から実働を開始した。最初にとりあげたテーマは、「年表にみる水俣病問題」であった。

私を含めて会員の多くは、水俣病について正確な知識をもっていなかったので、まず比較的くわしい年表を教科書にして水俣病事件史の概略を頭に入れる必要があった。

私の手元には、当時のノートが十数冊のこっている。それをみると、六九年一〇月から翌年四月ごろまで、月三回のペースで研究会を開き、その間、年末などの休暇を利用して二回の合宿もやっている。

会員はそれぞれ自分の仕事をもっているので、研究会は、ふつう夕方七時ごろから始まり、深夜にまで及ぶこともめずらしくなかった。

資料やデータがかなり集まり、過失論の骨格がみえてきたところで、三ヵ月にわたる検討の結果を中間レポートにまとめ、一九七〇年一月タイプ印刷に付した。弁護団はもちろん、宇井純氏ら水俣病問題に関心の深い人々にこれを送って、私たちの見解に対する批判と助言を寄せてもらった。

それらを参考にしながら、さらに検討をつづけて、最終的には、『水俣病にたいする企業の責任――チッソの不法行為』と題するＡ５判三八五頁の研究報告書にまとめて、一九七〇年八月に自費出版の形で刊行した。

これが、いわば第一期研究会の主な成果である。水俣病研究会の結成から、わずか一年。それは比較的短期間の集中的な作業の成果といってよいだろう。

すでに待ったなしで進行していた裁判が、こうした集中作業を必要とした最大の要因である。私たちは検討の過程で多くの協力者に恵まれたうえに、研究会の中心メンバーが当時まだ三十代の若さだったことも幸したと思う。

水俣病研究会に与えられた任務は、水俣病に対するチッソの不法行為責任をだれもが納得のいくように論証することであった。『水俣病にたいする企業の責任』を書き上げた時点で、私たちは、これで裁判の展望が開けたという確かな手ごたえを感じていた。

私たちの調査や研究は、もともと訴訟派の起こした裁判を理論面から支援する目的でやってきた。その成果を訴訟で活用してもらうために、私たちは、すでに原稿の段階からすべてのレポートを原告弁護団に提供してきた。弁護士たちも、これを存分に活用して準備書面の作成に当たったことはいうまでもない。

最初の証人はだれに

弁護団は、報告書を公刊すれば、いずれ証拠として提出する予定の資料を含めて、こちらの手の内をチッソに知られてしまうから、出版は訴訟戦術上好ましくないという意見だった。

しかし、私たちは、水俣病の裁判は、そうした次元をはるかに越えた歴史的な裁判であり、研究会が集めた資料やデータを公開して、国民的なレベルで公然と論議すべき問題だと考えていた。

とにかく、過失論は構築できた。つぎの問題は、チッソの過失をどう立証していくかということだ。患者側の立証は、翌年二月から開始すると決定していた。しかし、弁護団内部の検討が遅れ、最初の証人すらまだ決まらないという切迫した状況にあった。

一九七一年一月初め、この問題を討議するため、弁護団、水俣病市民会議、水俣病を告発する会および水俣病研究会の主要なメンバーが熊本市の市民会館に集まった。新潟水俣病訴訟を担当する坂東、片桐両弁護士と宇井純氏もこれにかけつけて、空前の白熱した討論になった。

ここでの議論は、一見、訴訟の戦術に関する技術的な問題のようにみえる。しかし、そうではない。訴訟派の患者・家族にとって、いったいこの裁判はどのような意味をもっているのか。患者・家族の思いを裁判で表現するにはどうすべきなのか。この裁判で、弁護士や支援者は、どのような役割を果たすべきなのか。立証計画の問題を通して、じつはそうしたことが問われていたのだ。これは、技術的な問題ではなく、すぐれて思想的な問題であった。

弁護団が立てた立証計画によると、過失論の論理構成にしたがって、まず水俣工場の危険性から立証していく。それを立証する証人は、水俣病を企業内部から告発している新日窒労組の労働者たちだ。要するに、患者に協力的な労働者証人に全面的に依存してチッソの過失を立証しようという計画だ。

この計画に対しては、きびしい批判が続出した。安全策ではあっても、あまりにも安易な計画だったからだ。なにより問題なのは、弁護団の立証計画では、この裁判にかける患者・家族の思いが表現できないことだ。

大半が漁民である患者・家族は、水俣湾で魚をとり、それを食べて被害を受けた人たちであり、工場内部の製造工程や廃水の成分、その処理状況などについては、なにも知らない。それを熟知しているのは、水俣工場の幹部であり、技術者たちだ。そうだとすれば、この裁判では、チッソ自身にその過失を立証させるしかないし、それが患者・家族の思いでもあるはずだ。こうして、最初の証人は、西田元工場長とすることに決定した。

3　訴訟の意義と限界

エリート技術者たちの悲劇
――西田元工場長証言は裁判のハイライト

一年にわたる尋問

西田栄一元水俣工場長に対する証人尋問は、文字通り水俣病裁判のハイライトであった。それは、この裁判の性格を決定したといっても過言ではない。

一九七一年二月から始まった西田尋問は、翌七二年一月まで、延べ二〇回に及んだ。これは、一人の証人に対する尋問としては異例の長さである。ちなみに、西田証人につづいて行われた徳江元技術部長に対する尋問は、四回で終わっている。

チッソとしては、元水俣工場長が、ほかならぬ原告側の第一号証人として尋問を受けるとは予期していなかったはずだ。しかも、その尋問が一年間にわたって延々と行われるとは、まったく想像もできないことだったにちがいない。

西田証人の経歴は、つぎのとおりだ。東大工学部応用化学科を卒業してチッソに入社、一九四九年から五五年まで水俣工場製造部長、その後、技術部長や工場次長を経て一九五七年一月から六〇年五月まで工場長を務めた。なお、一九五七年五月には取締役に就任、証言当時は、チッソの監査役である。

戦前のチッソは、「技術のチッソ」といわれるように、優秀な技術者を集める企業として有名だった。宇井純氏によれば、東大の応用化学科を出た者でも、トップクラスでなければチッソには入れなかったという。西田元工場長も、そうした化学技術者のひとりであったことはまちがいない。

しかし、日本の化学工業の発展を担った一流の技術者が水俣病をひき起こし、裁判では被告席に立たされ、かれらからみれば、ものの数にも入らないような水俣の零細漁民からその責任を追及されざるを得なかったところに、エリート技術者たちの悲劇がある。

これは、単にチッソの技術者だけの悲劇ではあるまい。近代日本の工業化の過程そのものがはらむ悲劇でもあると思う。

ところで、戦後の水俣工場は、チッソの全生産をまかない、その技術開発をリードした基幹工場である。朝鮮を中心として植民地に広く事業を展開していたチッソは、敗戦の結果、海外資産のすべてを失った。水俣工場は、企業の再建を目指すチッソにとってその死命を制するほど重要な工場であった。

西田元工場長は、その最高責任者として、製品の生産と開発について広範な権限を与えられていただけではなく、対外的には漁業被害や水俣病をめぐる問題について会社を代表する地位にあった。

このような地位にあった者として、西田証人に対する尋問が多岐にわたったのは当然だろう。水俣工場の製造工程とその危険性、排水処理の実態、工場廃水による環境汚染の状況、熊大の原因究明に対する協力の有無、有機水銀説に対する反論活動、水銀の使用状況と流出水銀の量、工場内のネコ実験、漁業補償の経過など、その尋問事項は水俣病事件のほとんどすべてに及んでいる。

真実を隠す

西田証言を記録した調書は膨大な量にのぼる。しかし、これを読んでも、水俣病事件の真実はとらえ難い。西田元工場長は、真実が明らかになることをおそれ、極力それを隠そうとするからだ。弁護士とのやり取りをみても、西田という人は、なかなか頭のいい人物だ。また、工場長時代のことは、細部にいたるまでじつによく記憶している。しかし、ネコ実験のような肝心な点になると、とたんに「記憶がありません」といい張る。平気でいい逃れをするという点では、むしろ官僚に似ている。証言を読むかぎり、西田元工場長には、残念ながら、ひとりの化学技術者として事実に即してものをいうという知的誠実さがまったく感じられない。そこにあるのは、ただ必死にチッソを守ろうとする会社人間の姿だ。

水俣病が重金属中毒であることが確認された直後から、その原因として水俣工場の廃水が強く疑われていた以上、チッソは自己の責任において原因の究明につとめ、それを明らかにすべきだった。

疑いをかけられた企業としてそうすべき社会的責任があったというだけではなく、製造工程や排水処理のデータをにぎる水俣工場が、原因究明に関していわば最短距離の位置を占めていたからである。

しかし、西田元工場長のとった基本姿勢は、熊大の調査研究の結果を追試し、それに反論を加えることであった。

チッソは、一九五九年一〇月、「水俣病原因物質としての有機水銀説に対する見解」と題する反論書を作成して、関係方面に配布した。これには、「水俣病の原因究明に当っては、一点の疑問もない真実の解明が根本である。つまり科学的立場から、公正なる調査、研究が徹底して行われることが絶対に必要である」という文言がある。

しかし、チッソは、社内のネコ実験のデータを反論書に掲載するにあたって、自己に不利なデータは落とし、一部は書き換えた。たとえば、排水投与実験で発症したネコを「発症せず」と記載するなど。両者の違いを指摘された西田証人は、こう答える。

西田「違うということはですね、これ断定できないと思います。」

嘘で固めた証言に怒り爆発
——絶望の底から発する痛切な患者・家族の声

企業城下町に君臨

西田証人に対する尋問は、緊迫した空気のなかで始まった。証人席に座る元工場長に対しては、患者・家族はもちろん傍聴席を埋めた支援者からも、刺すような厳しい視線が注がれていた。

西田元工場長は、水俣病が最も多発した時期の工場長である。当時、工場の最高責任者として、水俣病の発生に深く関わりながら、水俣病が大きな社会問題となった後も被害の拡大を食い止めるために必要な対策は何ひとつ講じようとはしなかった。

また、一九五九年一一月、患者家庭互助会が補償を要求すると、ただちにこれを拒否し、同年一二月末には見舞金契約を押しつけた張本人でもある。西田元工場長は、患者・家族にとってはチッソそのものといっても過言ではない。こうした経過からみて、患者のうらみを買って当然の人物である。

チッソの水俣工場長は、企業城下町に君臨する支配者であり、ふだんは水俣の民衆の手の届かない存在である。それが、法廷において原告と証人という形ではじめて相対することになった。患者・家族にとって、この裁判は、水俣病という許しがたい企業犯罪を告発し、加害者に対して正当な懲罰を加える一種の刑事裁判でもあった。

多数の死者を含めてこれだけ大きな被害を出しているのに、それまでチッソの幹部は、いちどもその刑事責任を問われたことがなかった。長い間、警察と検察当局は、捜査らしい捜査すらしないで問題を放置していたからだ。患者たちの告訴を受け、熊本地検がやっと重い腰を上げて吉岡元社長と西田元工場長の二人を業務上過失致死傷罪で起訴したのは、水俣病の発生が公式に確認されてから二〇年も経った後の一九七六年五月のことであった。

この起訴はあまりにも遅すぎたというほかない。時機を失した起訴には、もはや水俣病被害の拡大を食い止める効果は期待できない。しかも、検察側は、起訴の時点から逆算して三年以内の被害者がいなければ起訴できなくなるという公訴時効のかべに直面し、それを乗り越えるためにたいへんな無理を重ねなければならなかった。

結局、この二人については、一九八八年三月、最高裁の上告棄却の決定により、禁固二年執行猶予三年の有罪判決が確定した。

患者・家族にとっては、西田元工場長が犯した罪は最初から自明のことだった。したがって、証人席に座る元工場長は、被告人以外のなにものでもなかった。

見えすいた嘘に苦笑

法廷のなかで西田証人がどれほど厳しい視線にさらされていたかは、本人が最も切実に感じていたにちがいない。

しかし、その証言は、ノラリクラリといい逃れに終始した。西田元工場長の嘘で固めた証言に対して、患者・家族の怒りが爆発したのは当然のことだろう。

一九七一年三月五日のことだ。開廷前、いつものように西田元工場長が証人席に着くと、原告のひとりがその側に近づいて、「今日は、ほんとうのことを言え。嘘つくな、人殺し」と叫んだ。間髪を入れず、被告代理人が「帰りましょう」と西田証人をうながして外へ連れ去った。

裁判長がかけつけて証人に出廷を要請すると、「法廷内外の秩序が保たれない状態では裁判に協力できない。証人は恐怖を感じ、興奮している」などと延べ、出廷を拒否した。

このように、患者・家族は、西田元工場長の証言に憤激ばかりしていたわけではない。ときには、法廷全体が爆笑につつまれ、苦笑はほとんど絶えることがなかった。西田証人が見えすいた嘘をいい、いい逃れに失敗して、しぶしぶ事実を認めざるを得なくなると、決まって法廷のなかを笑いがかけ巡った。

そういうときには、小柄な西田証人の背中がいっそう小さくみえた。

西田尋問のフィナーレは、七人の原告が引き受けた。こもごも立って、西田元工場長の証言の嘘を追及した。しかし、その声は深いやさしさに包まれていた。

釜時良「西田さんは、ひとりでチッソをかばってきた。しかし、西田さんがやったことは、チッソのためにはなったかもしれないが、あなた一人のためには何にもなっておらんのです。あなたは人間ではありません。」

浜元フミヨ「西田さん。あんたは今日まで、毎日々々、嘘を何十回といってきたが、そんなに嘘ばいうとって、あんたの胸はどうもなかったか。おる家《げ》はな、一家全滅したぞ。おる家の苦しみは分かるか。一家全滅じゃ。あんたに何回いうても、わからんじゃろ、あんたのような鬼には。」

田中義光「西田さん。あなたは、まことに嘘をいうのをよく勉強してきましたが、嘘から出た真でも、ほんとうのことをいわれている。全部がどんな目であなたを見ているか、分かるでしょう。あなたも、一度くらい私の家庭にきて、うちの子どもを見て、今後人間というのはこうして生きねばならないということを、よく勉強しなさい。」

ここには、水俣病患者の絶望の底から発する痛切な響きがある。このような声を前にして、元工場長は、いまや堕ちた偶像でしかなかった。

病気発見者・細川医師の証言
――ネコ九〇〇匹への廃水投与などの実験

四〇〇号ネコの実験

一九七〇年七月四日、癌研附属病院六一二号室。ここで、元水俣工場附属病院長・細川一医師に対する臨床尋問が行われた。

その年の五月、ガンで入院した細川医師の病状は日を追って悪化していた。そのため、尋問は、主治医の立ち会いのもと、午前と午後合わせて二時間に制限された。水俣病の真実を明らかにするために、病床から最後の力をふりしぼって証言した細川医師は、同年一〇月一三日、六九年の多難な生涯を終えた。

細川元院長は、水俣病の発見者であるばかりでなく、工場内部の圧力をはねのけて医師としての良心を貫いた人である。その証言は、チッソの過失責任を立証するための決定的な証拠となった。細川証言が、責任逃れをしようとするチッソに重くのしかかったことはいうまでもない。

細川元院長の責任で行われた社内のネコ実験は、一部を除いて公表されていない。なかでも四〇〇号ネコの実験は、長い間、秘密のヴェールに包まれ、水俣病事件史上、最大の謎とされていた。細川証言は、その隠された真実を公的な場ではじめて明らかにした。

水俣病の発生が公式に確認されてから半年後の一九五六年一一月には、水俣病が日本脳炎などの伝染病ではなく重金属中毒であることが明らかになった。水俣湾の魚を食べて起こる重金属中毒ということになれば、その汚染源としてまず疑われるのは、水俣湾に排水を流しているチッソの水俣工場だ。

工場内で水俣病の原因を調査するために、技術部と附属病院が主となって社内研究班が作られたのは、一九五七年五月のことだ。ネコを中心とする動物実験は病院側で担当することになり、実験に使われたネコは約九〇〇匹にのぼった。ナンバー四〇〇のネコは、そのなかの一匹である。

ところで、西田工場長ら工場幹部と細川医師の間では、社内研究についての考え方が根本的に違っていた。細川医師は、熊大研究班と協力しながら一日も早く原因を明らかにしたいと考えていた。そうすることが、結局、会社のためにもなるという考えだった。

しかし、西田工場長の考えは、こうだった。工場の責任で水俣病の原因を究明する必要はない。熊大研究班から原因に関するなんらかの見解が出てきたときに、工場はそれを追試して検討するだけで十分だと。

西田工場長は、工場に原因があるという証言はそう簡単にできるものではないと高をくくっていたふしがある。外部の研究者に原因についての挙証責任を押しつけ、そのうえ一〇〇パーセントの科学的な証明を要求するという厚かましい態度をとった。元水俣工場附属病院長・細川医師もその被害者といえる。

毎食事二〇ccずつ廃水投与

こういう工場の基本姿勢がもたらした害は、その後の事件の経過をみれば明らかなように、途方もなく大きい。原因の究明が難航している間に、被害は拡大し、患者はつぎつぎに亡くなっていった。

細川医師は、熊大の有機水銀説が出るに及んで、一刻も早く工場が白か黒かを突き止める必要を感じた。そうして始まったのが一連の廃水投与実験であった。

当時、水俣工場で水銀を触媒として使うところは、塩化ビニール製造工程とアセトアルデヒド製造工程の二つだけであり、水銀の使用量は後者のほうがはるかに多かった。もしアセトアルデヒド製造工程から出る廃水（工場内部では、酢酸設備廃水または酢酸系廃水と称していた）を直接ネコに投与して自然発症のネコと同じような水俣病の症状が発現したら、その廃水が原因だということが証明できるはずだ。このように細川医師は考えた。

細川医師は、ことの重大さを考え、病院の同僚にも相談しないで、このネコ実験に着手した。

実験の責任は、自分がひとりで負うという決意だった。もっとも、実験そのものは、工場内では他のネコ実験と同様にオープンな形で行われた。

白黒のメスで体重三キログラムのネコ四〇〇号を使って、一九五九年七月二一日から実験を開始した。その方法は、細川医師らが自ら採取した酢酸系廃水を毎食事二〇ccずつ基礎食にかけてネコを飼育して廃水の毒性を確かめるという生物試験の方法である。

実験を開始して七七日経過後の一〇月六日に、まず元気がなくなって、うずくまるという初期症状が表れ、翌七日には、けいれん、振戦、運動失調など、水俣病特有の症状が現れた。一〇月二一日には、けいれん発作を起こして、突如走り出し、壁にぶつかり、方向転換してまた走り出すという回走運動が現われた。これは、水俣病にかかったネコの臨床症状として、細川医師がとくに重視していたものだ。一〇月二四日、衰弱のため、屠殺解剖した（体重一・八キログラム）。

ネコ四〇〇号の脳の標本は、九州大学医学部の遠城寺助教授（病理学）に送られた。その病理所見をみると、「小脳の顆粒細胞の脱落、消失著明。プルキンエ細胞にも変形、脱落がみられる」などとなっている。ただ、遠城寺氏は、この病変は自然発症ネコとほぼ似ているように思うが、はっきりいえない、とも付記していた。水俣病の病理に詳しい武内忠男氏は、これは典型的な水俣病だと断定する。

医師と社員の狭間で苦悩
――チッソの圧力で実験続行は不可能に

深い学識誠実な人柄

ネコ四〇〇号を使った工場廃水投与実験は、見事に成功した。臨床症状として回走運動まで現われた以上、ネコが水俣病であることはまず疑いない。

この実験結果をみて、細川氏は非常に驚いた。汚染源として最も可能性の高い廃水を投与して水俣病の症状が発現したとなると、工場は黒ということになる。これは大変なことになった。そう考えた細川医師は、ただちに技術部の幹部にこれを報告した。

細川医師は、念を入れてネコ四〇〇号の発症を確認するために、九州大学に依頼してその病理所見を出してもらったが、一例だけでは不安があり、できれば数例のデータをそろえて確認したかった。そうすれば、工場幹部にも強くものがいえるはずだ。しかし、工場側から圧力がかかって、問題の廃水はもはや採取できなくなってしまった。

一九五九年一一月三〇日、しばらく開かれていなかった社内研究班会議が突然招集された。その席で、徳江技術部長は、今後、工場内では水俣病に関する調査研究は一切やらないことになったという会社の方針を伝えた。細川医師は、廃水投与実験の意義を強調し、実験の続行を要望したが、認められなかった。

こうした状況のなかで、細川医師の孤立感は深まるばかりであった。

細川氏は、水俣工場附属病院のスタッフであり、ひとりの医師であると同時にチッソの社員でもあった。しかし、この二つの立場は、水俣病の問題に深入りすればするほど両立が難しくなり、否応なしにどちらかの立場を選ばざるを得なくなる。そこに、工場医としての細川医師の苦悩があった。

細川氏は、東大医学部を卒業後、薬理学教室で八年間の研究生活を経て、一九三六年、日本窒素阿吾地工場附属病院の院長に迎えられた。一九四一年水俣工場附属病院長に転じ、途中兵役についた後、一九四七年に水俣工場附属病院長に復帰して、一九五七年まで院長の地位にあった。

その間、細川氏は、附属病院の整備、充実につとめ、水俣地方では最も水準の高い総合病院にまで仕立て上げた。チッソの附属病院は、広く住民にも解放された地域医療センターとして、地域社会の期待にも十分応えていた。細川院長は、内科医としての診療のかたわら、いち早く結核の集団検診体制を作るために力を注ぎ、また、この地方に多くみられた血液病である腺熱の研究でも成果をあげた。細川院長は、深い学識と誠実な人柄によって地域住民はもちろん地元の医師たちからも尊敬と信頼を集めていた。

運命的な出会い

細川氏がこのまま停年を迎えることができたら、ひとりの医師の生涯としておそらく幸せな人生といえたかもしれない。事実、細川氏は一九五六年九月には停年を迎えることになっていた。しかし、その年の五月、細川医師らの手で水俣病が発見された。そして、水俣病との運命的な出会いは、平穏な晩年を約束されていた細川氏の人生を一変させてしまうのである。

水俣病に取り組む細川氏の姿勢は一貫していた。それは、工場のなかでも医師としての立場に固執するということだ。しかし、工場医でありながら医師の良心を貫くことは、会社の敵になるかもしれないということを意味していた。

停年後も嘱託として附属病院に残った細川医師は、水俣病の研究に全精力を傾けた。しかし、ネコ四〇〇号につづく廃水投与実験ができないとなると、細川氏が工場に残る理由はなくなってしまう。

しかし、実験再開のチャンスは意外に早くやってきた。一九六〇年五月、水俣病問題が一段落し工場長と技術部長がそろって交替することになったとき、細川医師は、辞表をふところにあらためて廃水投与実験の続行を迫り、もしそれができないなら会社をやめると申し出た。工場長から慰留された細川医師は、附属病院に残る条件として実験再開の了解をとりつけた。

こうして、一九六〇年八月から、酢酸設備廃水をネコに投与する実験（工場内では、H・I実験と称した）が再開された。この実験で、八例のネコがすべて水俣病にかかった。その検索を依頼された東大医学部病理学教室の斎藤助教授は、信じられないことだが、検索前にネコの標本をすべて紛失してしまったという。

その後、水俣工場の技術者が、この廃水からメチル水銀化合物を分離抽出することに成功し、水俣病の原因は最終的に突き止められた。一九六二年夏ごろのことだ。

しかし、チッソは、こうした実験の結果を一切公表しなかった。

細川氏も、四〇〇号ネコ実験を含めて一連の廃水投与実験の結果については、自己の責任で発表することなく終わった。細川氏は、もともと慎重すぎるほど慎重な性格だった。工場幹部から一〇〇パーセントの科学的な証明を要求されると、なおさら断定的なことはいえなかったことも事実だ。晩年、細川氏はこのことをひどく悔やんだ。

細川医師は、自分の手で水俣病を発見し、工場医の苦悩を背負いながら、原因の究明に心血を注いだ。だが、被害の拡大を食い止めることはできなかったし、新潟に第二の水俣病まで発生してしまった。細川氏の無念の思いは深かったにちがいない。

患者側「全面勝訴」の意味
――抑えようもなく大きいチッソへの憤り

ひとつの通過点

一九七三年三月二〇日、水俣病訴訟は、判決の日を迎えた。

その日、熊本地裁前は、早朝から広場を埋めつくした多数の支援者や市民、立ち並ぶテレビ局のテントや中継車、またどっと押し寄せた報道陣などで時ならぬ熱気と緊張に包まれていた。正門前には、「裁判では思いは晴れぬ、チッソ本社へ乗り込むぞ」と書かれた大きな横断幕がその場にするどく突きさささるように掲げられていた。

そうしたあわただしい空気のなかで、判決を迎える患者・家族は、終始静かなたたずまいを見せていた。裁判は、前年の一〇月に結審したが、その時点で患者側の勝訴は確実とみられていた。患者・家族にとって、判決はひとつの通過点にすぎず、その目は、すでに判決後の交渉へと向けられていた。

熊本地裁（斎藤次郎裁判長）は、水俣病に対するチッソの不法行為責任を認め、チッソに対して、ほぼ原告らの請求どおりの損害賠償を命じる判決を言い渡した。その内容は、患者側の全面勝訴といってよいものだ。

熊本地裁の判決は、この裁判の最大の争点であったチッソの過失については、安全性の考え方に立った、きわめて明解な判断を示した。

その判断は、つぎのとおりだ。

チッソは、危険な工場廃水を排出するに当たって、廃水の危険性はもちろん、それが動植物や人体に与える影響について調査研究を尽くして安全性を確認するとともに、万一安全性に疑いが生じた場合には、地域住民の生命・健康に対する危害を防止するために、ただちに操業を中止するなどして最大限の防止措置を講ずべき義務があるのにそれを怠った。したがって、一九三二年のアセトアルデヒドの製造開始以来、その廃水を無処理のまま放流したことについて過失の責任を免れないと。

判決の過失論は、水俣病研究会のそれと基本的には同じものだといってよい。

また、判決は、見舞金契約についても厳しい判断を示した。本来、加害者は誠意をもって賠償義務を履行すべきなのに、この契約は、被害者の無知、窮迫に乗じて、低額の補償を押しつけ、それとひきかえに被害者の損害賠償請求権を放棄させた不当なものであり、したがって、この契約は無効だと、判決はいう。

損害賠償額についても、判決は、ほぼ患者側の請求どおりに認容した。原告らは、水俣病の被害を三つのランクに分けて、それぞれ一八〇〇万円、一七〇〇万円および一六〇〇万円の損害賠償を請求したが、この金額はもともと被害の深刻さにくらべて控え目なものだった。これでも、四大公害事件のなかでは最も高い賠償額であった。

固い表情を崩さず

チッソは控訴を断念、判決はこのまま確定した。

熊本地裁の判決は、一般には画期的な判決として高く評価された。たしかに、この判決で、四〇〇号ネコ実験をはじめとして水俣病事件のいくつかの真実が明らかになったし、見舞金契約が無効とされ、チッソの不法行為責任も確定した。それまでの水俣病の歴史に照らしてみると、これだけでも画期的なことだといえる。

しかし、判決を聞いて法廷から出てきた患者・家族には、晴れやかな表情はなかった。固い表情を崩さず、それぞれが深い思いに沈んでいるといった気配が感じられた。むろん、「万歳」の声などは上るはずもなかった。

患者・家族にとって、チッソの加害責任は、裁判を始めるまえから自明のことであった。判決はそれを確認しただけのことだ。それにしても、水俣病の隠された真実を明らかにし、チッソに加害者としての責任をとらせるために、これほどの年月を要したという思いのほうが強かった。それは、一九五六年の発生確認から始まる気が遠くなるような長い歳月だったのだから。

判決のなかで、患者・家族が最も心を動かされた部分は、最高で一八〇〇万円という賠償額だったようだ。そこにあるのは、金額が高いとか低いとかいう以上の深い思いだった。

坂本トキノさんの感想。「キヨ子が生きとれば、いま四八じゃ。苦しんで死んで金に変わってしまったかと思うと、ひとつもうれしくない。金であの子を売ったと同じもんじゃと思ったら、情けなくてな。今日はほんにショックを受けたばい。」

浜元フミヨさんの感想。「今日は親の命の金をチッソに持っていって、叩きつけてやりたいほど腹が立った。腹が立って悲しくもありました。もう出る涙はないと思うとりましたばってん、今日は涙があふれ出ました。」

裁判に勝ったからといって、子の命も親の命も二度と帰らない。水俣病でいちど失われた人生も、元にもどることは決してないのだ。苦労して手にした「勝訴」という現実のもつむなしさ。患者・家族は、そのことにいまさらのように胸をしめつけられた。

判決を聞いて、患者・家族の悲しみはいっそう深くなった。それとともに、チッソに対する憤りは抑えようもなく大きくなったように思われる。

裁判が終わっても、まだやるべきことがある。思えば、一九五九年一一月の最初の補償要求、そして一九六八年秋から始まった再度の補償交渉は、いずれもチッソ側に軽くあしらわれて終わった。こんどこそ、チッソの本社に乗り込んで、社長と相対で話をつけ、きちんとした謝罪をさせなければならぬ。これが患者・家族の共通の思いだった。

4　チッソとの直接交渉

協定調印までの長い道のり
――「一生面倒をみよ」と口々に悲痛な訴え

交渉の進め方で緊張

判決が出た日の夜、両親に抱かれた上村智子さんや同じ胎児性患者の坂本しのぶさんを含む患者・家族の一団は、休む間もなく熊本を発って東京に向かった。

三月二二日午前一〇時すぎ、患者・家族は、全国から集まった多数の支援者が見守るなかでチッソ本社に乗り込んだ。

判決後の直接交渉を前にして、訴訟派と自主交渉派が合流し「水俣病患者東京本社交渉団」を結成した。交渉団は、すでに判決をもらった患者・家族、まだ判決の出ていない分離裁判組の三家族、それに一九七一年以降に認定されたいわゆる「新認定患者」の三つのグループから構成されており、それぞれが解決すべき問題をかかえていた。

チッソとの交渉は、七月九日の補償協定の調印にいたるまでじつに一〇〇日におよぶ持久戦になった。着の身着のままで熊本を発った患者・家族は、交渉がこれほど長びくとはだれひとり考えていなかった。それは、まことに波乱に富んだ長い道のりだった。

本社交渉の場には、通常、この種の交渉には必ず立ち会う弁護士の姿はない。患者・家族は、もともと自分たち以外の第三者に交渉を代行してもらおうとはまったく考えていなかった。

判決前夜、チッソとの交渉のやり方をめぐって、訴訟派の患者と弁護団との間の緊張状態は極点に達していた。

弁護団の構想は、患者代表のほかに弁護団、市民会議と県民会議の代表、全国の公害被害者の代表、国会議員などを加えた「強力な交渉団」を結成して交渉に当たり、諸要求の実現をはかるというものだった。当時、こうした交渉の形態は、ある意味では反公害運動の常識とされていたといってよいだろう。しかし、患者・家族は、これを拒否して、各自が相対でチッソと交渉する道を選んだ。自分の生命を他人に預けることはできないという思いがその根底にあったからだ。

訴訟派患者と弁護団の対立は、判決を目前にした一月二〇日、弁護団が患者側の十分な了解をえないまま第二次訴訟に踏み切ったことから、一挙に表面化した。弁護団の説明では、提訴は一次訴訟でよりよい判決を獲得するためにも有効だということだったが、患者・家族の納得は得られなかった。そして、二次訴訟の提起をきっかけに、その原告らを会員とする「水俣病被害者の会」が新たに結成され、訴訟派および自主交渉派とはまったく別の道を歩むことになった。

しぶしぶ誓約書に判

長い苦難の体験から、チッソ幹部に対する患者・家族の不信感は抜き難いものがある。そこで、患者側は、まず社長に対し、つぎのような文面の誓約書に署名押印するよう求めた。

チッソは、「判決に基づくすべての責任を認め、以後水俣病に係るすべての償いを誠意をもって実行いたします。」

しかし、チッソ側は、今後、大変な数の患者が出てくる可能性があり、補償倒産の心配もあるなどといいながら、「すべての償い」を「できる限りの償い」に訂正したいと主張。両者の話し合いは平行線のまま終始した。チッソの言い分は、補償のために調達可能な資金の範囲内でしか補償できないという経営の論理そのものだった。

これに対して、患者・家族は、つぎつぎに立って、各自の受難の体験を語り、あくまでもそれに対する誠実な償いを求めつづけた。浜元フミヨさんのつぎの言葉は、患者の心を余すところなくいい尽くしている。それは限りなく重い言葉だ。

「人間は、いったい何のために生まれてきたと思うか。私は結婚もせん。恋もしたことなか。水保病がそうさせた。おれもおなごじゃが、男になって暮らしてきた。その心がわかるか。人間は何のために生まれてくるか。水保病になって、銭もろうて、死んでいくのが能か。」

チッソは、いまさら患者のからだを元にもどして、失われた人生をとりもどすことができない以上、せめてもの償いとして、患者が安心して医療を受けながら、生涯を全うできるだけの生活を保障するのが当然ではないか。「一生面倒をみよ」と、患者たちは叫ぶ。こうした痛切な訴えを前にして、チッソの幹部たちはいうべき言葉を知らなかった。

チッソの幹部たちは、守り一方の姿勢で、ひたすら防御を固めることしか考えない。しかし、道義的に優位の立場にたつ患者・家族は、一歩一歩、チッソを追い詰めていった。そして、ついにチッソの社長は、しぶしぶ契約書に判をついた。

このあと、具体的な要求事項について交渉に入ったが、チッソの防御態勢は堅く、患者側がそれを突破するのは容易なことではなかった。それを突き破る原動力となったのは、患者・家族のもつ情念の爆発とねばり強い説得であった。

実際、チッソとの交渉過程は、だれも予期しないドラマの連続といった観を呈した。それは、文字通り水俣病患者の深い情念が描き出したシナリオなきドラマともいうべきものであった。こうして、患者側は、死亡未認定患者の問題をかかえる三家族に対する補償をかちとり、また新旧認定患者を差別しない補償を約束させた。

直接交渉中断と政治的収拾
――新旧の認定患者を同基準で補償

一時しのぎの方便

チッソの島田賢一社長（当時）は、患者側が求めた誓約書にしぶしぶ判を押したが、それがまったく一時しのぎの方便でしかなかったことは、たちまち明らかになった。

もともとチッソの幹部たちは、交渉に当たって判決の線で極力防戦するという以上の方策は持ち合わせていなかったようだ。

具体的な要求事項について交渉が始まると、チッソ側は、患者側が求める医療費や年金は判決の賠償額に含まれているはずだといい、それで持ちこたえられないと分かると、赤字経営で支払能力がないとか、資金調達の目途が立たないという主張を繰り返すだけであった。

東京本社交渉は、こうしたチッソの「企業の論理」と水俣病患者の「生活者の論理」とが真向からぶつかり会う場でもあった。チッソの経営状態を勘案して水俣病の被害者総体をどう扱うかといった問題は、もともと患者側の眼中にはない。患者側が徹底して問題にしたのは、一人ひとりの患者が体験させられた生々しい受難の歴史であり、そうした人たちの生涯にわたる医療や生活の具体的なありようなのだ。それは、固有名詞をもって語られるべき問題であり、軽々しく一般化することを許さない問題である。

岩本公冬さんの問題をめぐる交渉は、その意味でも最も象徴的な場面だったといえる。岩本さんは、いわゆる新認定患者である。もともと調停派に属して公害等調整委員会（公調委）に調停申し立てをしていたが、調停派を離脱して東京本社交渉団に参加した患者だ。

発病するまでは腕のいい建具職人だったという岩本さんは、不自由なからだを車椅子に乗せて本社交渉に臨んだ。岩本さんは、交渉中もしばしばけいれん発作に見舞われた。発作が起こると、全身を激しくけいれんさせて頭を床に打ちつけ、うめき声を発しながら、のたうちまわる。舌がもつれて、ほとんど言葉にならない。

「患者の苦しみが、まだ分からないのか」という岩本さんの訴えは、痛切な響きをもって聞く者の胸に迫った。

このような事態を前にして、新認定患者は旧認定患者とは認定の基準が違うから、同一の基準で補償はできないというチッソの差別の論理は破綻せざるをえない。

島田社長は、ついに、「岩本さんに、ご要望の一六〇〇万円を仮払いさせていただきます」と回答した。これは、判決が旧認定の訴訟派患者に認めたCランクの賠償額だ。

こうして、新旧の認定患者を区別せず、同一の基準で補償するという道が切り開かれていった。このあと、チッソは、調停派の患者にも「判決並み」の補償をすると回答した。

空転つづける交渉

チッソ本社での交渉は、患者側の終身年金の要求をめぐって最大の山場を迎えた。チッソ側は、あいかわらず補償のための資金調達の見通しが立たないことなどを理由に、年金の要求には一切応じられないという態度で終始し、交渉は空転をつづけた。

患者側は、チッソ側の開き直りに憤激し、水俣から取り寄せた預金通帳や現金をたたき返して、「金はいらない、元のからだを返せ」と迫った。

これに対するチッソの回答は、胎児性患者と入院中または寝たきりの患者に限って生活保障を含めた手当を考えるというものであった。しかし、これでは、寝たきりではないものの満足に働けない患者はすべて除外されることになる。患者側は、これを拒否した。

このころから、チッソの態度は、一転して強硬になり、四月二五日まで交渉を中断し、その後は水俣で話し合うことを患者側に申し入れた。これは、事実上の交渉拒否を意味していた。

四月二五日、患者・家族がチッソ本社に赴いてみると、そこにはまったく人影がなかった。そして、連休中の五月五日、チッソは本社から大量の書類を持ち出して都内数か所に仮事務所を設け、ついに患者たちの前から姿を消してしまったのである。

患者・家族は、雲がくれしたチッソの幹部たちを待って、その後七〇日間東京本社に籠城をつづけることになる。

同じ四月二五日、公調委は調停派患者に対して補償調停案を内示した。そこには、判決並みの一時金のほか、「特別調整手当」という名目の年金が含まれていた。Aランク七二万円、Bランク三六万円、Cランク一八万円（これは翌日二四万円に引上げられた）。七二万円という金額は、もともと東京本社交渉団が要求していたものだ。

チッソが四月二五日までの交渉中断を申し入れたのは、これを待っていたのだ。

ところで、前年一二月以来中断していた新潟水俣病患者と昭和電工との交渉が、四月二〇日突如再開され、翌二一日には、「生涯年金」一律五〇万円を含む患者側の要求を昭電側があっさり受け入れ、交渉は一挙に妥結した。このことと公調委の調停案提示が水面下で連動していたことは、まず疑いないと思う。

五月に入ると、事態収拾のため三木環境庁長官（当時）が積極的に動き出した。患者側の意を体した馬場昇代議士（社会党）、チッソの入江専務、それに当時の環境事務次官らの間で折衝が重ねられ、補償協定の内容が次第に煮詰められていった。しかし、それは、患者とチッソとの直接交渉とは別次元の政治的収拾の過程だったといえる。

補償協定の内容とその意味
——物価スライド条項がなく実価は半分に

一〇〇日に及ぶ交渉

一九七三年七月九日午後二時半、環境庁のある合同庁舎一二階の会議室。そこで、三木環境庁長官、沢田熊本県知事、馬場衆議院議員、日吉水俣病市民会議会長の四人が立ち会うなか、東京本社交渉団とチッソとの間で協定書の調印が行われた。

協定書の調印は、一〇〇日におよぶ東京本社交渉の終結を意味するだけではなく、一九六九年六月の提訴以来ほとんど休む間もなく続いてきた訴訟派と自主交渉派による水俣病闘争の区切りをも意味していた。

チッソとの直接交渉は、最終局面では三木環境庁長官の仲介で決着がついたため、患者のなかには、自分たちの手で協定をかちとった気がしないともらす人もいた。しかし、その内容を見る限り、協定が患者・家族のたたかいの成果であることは明らかである。

協定は、かなりの長文で、前文、本文および協定内容の三つの部分からなっている。

まず前文で、チッソは、水俣病の発生が公式に確認された後も、その原因究明や被害の拡大防止のために十分な対策をとらず、かえって被害を拡大させ、患者・家族に対しては水俣病の被害に加えて種々の苦痛と屈辱を与えたことについてあらためて謝罪の意を表した。

また、チッソは、不知火海沿岸にまだ広く潜在する未認定患者の発見と救済に努め、汚染のひどい水俣周辺海域の浄化にも取り組むことを約束した。

協定に盛り込まれた補償の内容は、おおよそ次のとおりだ。チッソは、判決で認められた患者本人および近親者の慰謝料（一時金）はもちろん、公害健康被害補償法に定める医療費、医療手当および介護手当に相当する給付額を支払う。また、さきに公調委の調停案で提示されたものと同額の年金を終身特別調整手当として支払う。この手当の額は、物価変動に応じて二年目ごとに改正される（物価スライド条項）。

新たに協定に盛り込まれたものに、「患者医療生活保障基金」がある。これは、さしあたって三億円の基金をチッソが設定し、その運用は患者代表を含む運営委員会に委ねるというものだ。基金の果実は、介添手当、おむつ手当、患児の就学援助費のほか、温泉治療費などに充てられる。

東京本社交渉団につづいて、一任派、調停派および中間派の各代表も、環境庁で同じ内容の協定書に調印した。これですでに認定された患者はすべて同一の補償を獲得したことになる。なお、協定には、今後認定される患者も、その適用を受けることができるという一項も入った。

この協定は、金額の点でなお不満は残るものの、東京本社交渉団がチッソに要求していた項目をすべて受け入れた内容になっている。その意味で、協定の内容は、訴訟派がかちとった判決とその後の直接交渉が生み出した成果であることはまちがいない。

また、この補償協定は、一九五九年の見舞金契約からはじまる屈辱的な患者補償の歴史のなかで、水俣病患者がはじめてその要求を自らの力で実現したという意味でも事件史上画期的な意味をもっている。

減価分は回復されず

しかし、その後の事件の経過から明らかなように、この協定にはいくつかの大きな問題が残されていた。そのひとつは、一時金に物価スライド条項がないという点だ。協定の成立直後、日本の経済は二度にわたるオイル・ショックに見舞われ、「狂乱物価」といわれる激しいインフレーションを経験した。その間に、最高一八〇〇万円の補償一時金の実価は半分以下に下落してしまった。しかし、その減価分は現在まで回復されないままだ。

大部分の患者・家族にとって、いまや年金が生活の主な支えになっている。

こうして、オイル・ショックの結果、水俣病患者の苦闘の成果はあっという間に掠《かす》めとられ、一方、チッソは、労せずして補償の負担を大幅に軽減することができた。

ところで、補償協定は、認定患者だけを対象にしたものだ。したがって、この協定の適用を受けたいと思う未認定患者は、まず公害健康被害補償法に基づいて県知事に認定申請をし、その認定を受ける必要がある。認定が受けられなければ、折角の協定も絵に描いた餅に等しいのだ。

認定問題の最大のネックは、被害の実態に合わない認定基準の狭さにあり、協定成立の時までに認定された患者は、被害者のごく一部にすぎず、大多数の被害者は、その時点ではまだ未認定患者として放置されていた。

未認定患者の認定問題は、一九七一年の環境事務次官通知によってようやく打開の道がつけられたばかりであった。一九七三年当時、交渉団の患者たちは、新しい認定基準で未認定患者が認定されるのは時間の問題だと楽観していたように思われる。

しかし、オイル・ショック後の事態は、患者側の予想とはまったく異なる展開になっていった。これをきっかけに、政府の公害・環境行政はずるずると後退していったが、水俣病の認定行政もその例外ではなかった。一九七三年の補償協定は、認定問題を行政に預けた協定であり、その仕組みからしてその機能を大幅に制約される可能性をもっていたのである。

5 底知れぬ闇

補償金の支払いとその波紋
——患者の内部に広がる底知れない闇

時ならぬ景気に沸く

協定書の調印後、患者とその家族に対する補償金が支払われた。一九七三年から七四年にかけてチッソから支払われた補償金は、一時金に限ってみても、ゆうに一〇〇億円を超える。人口三万余りの水俣市を中心とする地域社会にとって、これはとても大きな金である。

皮肉なことだが、この地方は、時ならぬ水俣病景気に沸いた。患者の家庭には、預金や投資をすすめる金融機関が殺到し、また商品のカタログをかかえた商店主が日参した。建築業者は、家の新築や改築をすすめてまわり、患者多発地区はいたるところで建築ブームの様相を呈した。訪ねてくる商店や銀行は、それまで患者・家族とはほとんど縁のないところだ。

患者・家族は、いまや開業医や病院からも大いに歓迎される病人であった。

このように、チッソの支払う補償金は、患者・家族の生活はもちろん、地域社会にもいろいろな波紋を描き出した。

患者・家族のもとには、周囲からいろいろと不快なうわさも流れてきた。「補償金もろうて、家を作って、あん人たちはよかね」とか、もっとひどいのは、あんな金になるなら、自分も水俣病になりたいぐらいだという声すら人びとの口に上った。患者・家族が手にした補償金は、ねたみややっかみの種になり、新しい差別意識を生み出す。

かつて、私は、同じ大学の丸山定巳氏（社会学）とともに、水俣市地区の患者家庭を対象として補償後の生活実態を調査したことがある。調査を実施したのは、一九八一年～八二年である。

私たちの調査結果から浮び上がる患者家庭の姿は、意外につましいものだった。

補償一時金の主な使途をみると、最も多いのは住宅の購入で、つづいて預金、親戚への分配、借金の返済といった順になっている。また、患者世帯の所得水準は低く、年間所得が二〇〇万円以下の低所得層がなお全体の七割近くを占めている。

調査結果からみる限り、大半の患者家庭は、補償金が入ってやっと人並みの住宅を手に入れたものの、将来の生活に備えて預金できた家庭は、半数程度にとどまっている。その生活は、補償金受領後も決して楽になったとはいえない。

満足に働くことのできない患者が生きていくためには、その医療と生活を保障する金がなくてはならない。そうした患者たちにとって、補償金は主要な生活手段である。同じ補償金でも、一時金と年金ではその機能は異なる。一時金は、住宅の購入をはじめとして、親戚への分配や借金の返済でなくなってしまったという患者が少なくない。実際、大部分の患者の日常生活は、年金と医療費その他の継続的給付によって支えられているといっても過言ではない。

補償倒産の心配なし

チッソから補償金を受け取った患者の心境は、想像以上に複雑なものだ。補償金に対する患者の意識は、患者のグループや認定時期によって非常にちがう。一九七七年ごろを境にして患者の意識に大きな変化が生じているように思われる。

訴訟派と自主交渉派に属している患者たちの受けとり方はこうだ。

患者が補償金で家をつくるのは、異常な金で異常な家をつくるということだ。ある意味では、補償金でしか家が建てられないということ自体が差別だ、と川本輝夫さんはいう。

患者たちは、水俣病とはチッソに命をとられることだと考えている。補償金は、文字通り命の代償として受け取ったものだ。それで家をつくれば、命の代償が家に化けただけのこと。それで患者の心が満たされることは決してない。

渡辺保さんは、補償金で御殿のような家をつくったというので、一時、大変評判になった。訴訟派の代表をつとめた渡辺栄蔵さんの長男だが、かつてエビとりの名人だった保さんも、いまではまったく働けない体になった。しかも、保さん夫婦はもちろん、三人の子どもたちもすべて症状の重い患者だ。保さんの家庭は、一家全滅といってよい状況なのだ。

保さんの日課は、船や機関車の模型づくりだ。それしか、やることがない。それは、限りなくむなしい生活だと思う。「水俣病患者は、一生救われない。自分でも救いようがないような気がする」と保さんはいう。

渡辺保さんの例をみるにつけても、患者の内部に広がる虚無の闇は底知れないと思う。家族五人の補償金で建てた「御殿のような家」は、その闇の深さを象徴している。

チッソは、患者・家族に補償金を支払えば、加害者としての責任を果たしたことになる。その負担は決して軽いものではないが、補償の原資は県債で手当てしてもらっているから、さしあたり補償倒産の心配もなくなった。

これに対して、水俣病患者は、補償金の支払いを受けたからといって、水俣病の被害がなくなるわけではない。しかも、その被害は、ほとんど回復不能のものだ。患者たちは、生涯この被害を背負って生きていかなければならない。

補償金を受け取った後も、患者たちの闘いはつづく。それは、自分自身の水俣病と向き合いつつ生きるというじつに困難な闘いである。

チッソ救済を優先する国家意思
——「一企業の負担能力越える補償」と主張

漁協や町に気兼ね

これまで水俣病の認定基準が緩和されたり、訴訟で患者側が勝訴したりして、患者の救済の可能性が少しでも高まると、これをきっかけにして潜在患者の認定申請が急増するという傾向をたどってきた。

こうした現象は、それまでに認定された患者がじつは被害者のごく一部にすぎず、それ以外にも多数の未認定患者が放置されていることを示しているだけではなく、いろいろな社会的な圧力が働いて、被害者が水俣病患者として名乗り出ることを困難にしていることをも示している。

現在の認定制度では、本人が申請しない限り、水俣病として認定される可能性はまったくない。いまでも、種々の自覚症状をもちながら、家族に与える影響を考え、また周囲の目を気にして、なかなか認定申請に踏み切れない人々がいる。水俣病患者に対する差別意識は、現在でも根強く存在し、患者家庭の子弟の就職や結婚などに暗い影を落としているのである。かつては漁業に依存する度合いの大きい地域ほど、漁協や町当局に気兼ねして認定申請ができなかった。一人でも水俣病患者が出ると、その地区の魚が売れなくなるという心配があったからだ。

　ところで、一九七一年八月、環境庁長官は、認定申請を棄却された患者らが初めて提起した行政不服審査請求を正当と認めて、知事の認定申請棄却処分を取り消すという裁決をした。この裁決によって、それまでの狭すぎる認定基準が改められ、認定にあたっては、汚染地区に居住して、魚を多食したなど疫学的事項を重視し、患者の症状が有機水銀の影響によることが「否定しえない場合」にも水俣病と認定することになった。

　これをきっかけに、前年度わずか一〇件しかなかった認定申請が一挙に三二八件に増え、翌七二年度には五〇〇件に達した。これらの数字は、文字通り、堰を切るように認定申請が殺到したことを物語っている。

　こうした傾向にさらに拍車をかけたのが、一九七三年三月の患者側勝訴の判決と補償協定の成立である。七三年度の認定申請は、じつに一九〇〇件にのぼった。

　認定基準が緩和され、認定申請が増えれば、それだけ認定される患者の数も増えるのは自然の成り行きだが、このことが原因となって、新たな問題が発生した。

赤字つづきの経営

その一つは、認定申請の増加に検診・審査の態勢が追いつかないために、認定申請をしても何年も待たされるという事態が発生したことだ。認定待ちの申請者は、一九七三年末には二〇〇〇人を超え、その五年後には、ついに五〇〇〇人を超えるという深刻な事態になった。これでは、いったい、いつになったら認定を受けられるか、まったく見通しが立たないことになる。

もう一つはチッソの補償負担の問題だ。認定申請が増え、認定業務が促進されれば、それだけ認定患者の数も増えていく。事実、認定患者の数は、七二年度から急激に増えていった。

チッソとその主力銀行である日本興行銀行は、一九七一年に定められた新認定基準によって認定患者が急増することに大きな懸念を抱いていた。チッソの経営状態は赤字つづきであり、主力銀行からの支援がなければ、膨大な補償金を払えない状況にあった。この問題は、チッソだけの問題ではなく、日本興行銀行の問題でもあった。

チッソと興銀の首脳は、一方で新認定患者の補償金をなんとか値切ろうとするとともに、他方、水俣病の補償問題は、一企業の負担能力をはるかに超える問題だということを、ことあるごとに口にしていた。

一九七六年一二月、患者側が提起した認定不作為違法確認訴訟の判決で、熊本地裁は、認定業務の遅れは違法と断定した。この判決をきっかけとして、認定業務の促進策は、チッソの救済問題とからみ合う形で政治問題化した。

先の訴訟で敗訴した熊本県は、判決直後の一九七六年一二月から翌七七年五月にかけて、違法状態を解消するための方策を求めて政府に要望を重ねた。熊本県が要望した認定業務の促進策は、認定基準の明確化をはじめとして、上級審査機関の設置、検診体制の整備など多岐にわたる。これに対する政府の反応は鈍かった。

一方、一九七七年一一月の中間決算の発表をきっかけに、チッソの救済問題が一挙に表面化した。その発端になったのが、当時の福田首相と池浦興銀頭取との会談である。これを受けて、政府は、今後認定される患者の補償原資を熊本県の県債で調達し、それをチッソに長期延べ払い方式で貸し付ける腹を固めた。要するに、行政が興銀の融資を肩代わりするというものだ。

それと抱き合わせの形で打ち出された認定促進策は、認定基準の運用を厳しくする水俣病の「判断条件」と新次官通知を核とするもので、これ以後、認定される患者数が急減し、認定制度が患者救済のための制度としては機能しなくなった。

このように、不作為違法確認判決以後の動きをみると、チッソの救済が患者救済に優先するという国家意思が見事に貫かれている。

6 国家の責任

今も問われつづける国の責任
――被害の拡大放置は許されるのか

残された最大の問題

長い水保病の歴史を通じて、チッソの責任とともに問われているのは、行政の責任である。水俣病の発生や拡大を防止するために、国はいったいその責務を果たしたといえるのかという問題だ。

これは、いまや残された最大の問題だといっても過言ではない。

水俣病は、一九五六年にその発生が公式に確認されてからも被害が続出し、ついにはその極点まで被害が拡大してしまった事件である。

その間もチッソは、発生源である水俣工場の廃水を水俣湾や水俣川河口を通じて不知火海に流しつづけた。その結果、工場廃水による汚染は、一九六八年、水俣工場のアセトアルデヒド製造工程が役目を果たし終えて稼働を停止するまでつづいた。

被害の拡大を食い止めるためにとるべき手段は、だれの眼にも明らかであった。それは、水俣病が魚介類を媒介とした重金属中毒（化学毒）であることが判明した比較的早い段階で、とりあえず疑わしい廃水の排出を止め、水俣湾内での漁獲を禁止し、汚染地域の住民に魚をたべないよう警告することであった。

水俣市漁協が水俣湾内の漁獲を自粛したり、保健所が湾内の魚介類を食べないように指導して、ある程度の効果を上げたが、その後の経過から明らかなように、被害の拡大を食い止めるには決して十分なものではなかった。

これに対して、水俣工場の排水は一度も停止することはなかった。このような状況のもとで、水俣病の被害は限りなく拡大していったのである。

水俣病が最も多発した一九五〇年代後半は、通産省の指導のもとに、チッソがアセトアルデヒドの増産に多大なエネルギーを注いでいた時期でもある。アセトアルデヒドからの誘導品であるオクタノールは、塩化ビニールの可塑剤の原料としてなくてはならぬものであり、一九五二年の生産開始以来、チッソはその市場を独占していた。

その意味で、水俣病事件は、当時の国の産業政策を揺るがしかねない重大な問題であり、この事件の処理しだいでは、同業他社にもただちに波及する問題であった。

ところで、水俣病の拡大に対する国の責任という場合には、法律上の責任もあれば、政治的・道義的責任もある。いま訴訟で問題になっているのは国家賠償責任という法律上の責任である。

基本を誤った両判決

水俣病の国賠訴訟では、チッソや昭電と並んで、国にも賠償責任があるかどうかが争われる。ここでも、原告である未認定患者の「救済」が最大の焦点であり、結局、だれがその補償金を負担すべきかという問題になる。

さしあたり、患者を「救済」するためには、チッソや昭和電工の賠償責任さえ認めれば十分とし、国になんらかの負担を求めるとしても、必ずしも法律上の責任にこだわる必要はないといった考え方もあり得るだろう。

しかし、水俣病に対する国家の責任は、こうした補償問題に矮小化してはならない大きな問題だと思う。

水俣病の歴史を通じて問われてきたのは、日本という国家のあり方の問題であり、人民に対する国家の責務は何かという次元の問題だからだ。

具体的には、水俣湾を中心として不知火海一円に汚染が広がり、水俣病による被害地域がつぎつぎに拡大するという緊急事態を前にして、国の行政機関が事態を放置することは許されるのか。

被害の拡大を食い止めるために、当時、国の関係機関は具体的に何をなすべきであったのか。問われているのは、そういう問題のはずだ。

一九九二年二月七日に出た水俣病東京訴訟に関する東京地裁の判決は、水俣病に対する国の責任を否定した。また、三月三一日に言い渡された新潟水俣病第二次訴訟に関する新潟地裁の判決も、国の責任については東京地裁の判決に追随した。

二つの判決とも、先にあげた問題にまともに答えてはいない。

東京地裁の判決には、いろいろ指摘すべき問題があるが、なかでも最も問題なのは、その事実認識である。判決は、山ほどの文献や資料を検討しているが、その読み方が恣意的で、一九五〇年代後半から六〇年代初頭にかけての事態の基本認識を誤っている。

この判決は、むしろ結論を先取りして、それに沿う事実をピックアップしたという印象が強い。

判決が強調するのは、一九五九年末の時点で、厳密な意味ではまだ原因物質すら確定していなかったし、水俣工場が汚染源であるかどうかも不明であったという点だ。もう一つは、当時の分析技術が不備なため、工場排水中の有機水銀を定量分析することは不可能であったという点だ。だから、排水を規制したり、排水停止の行政指導をすることはできなかったというわけだ。

しかし、水俣病の原因となり得る工場廃水の毒性は、細川医師がやったようなネコ実験で十分確認できる。被害の拡大を真剣に食い止めようという意思があるなら、原因物質や分析技術にこだわるべきではなく、また、その必要もないのだ。

隠されている狡猾な意図
——完全に国のペースで進む「幕引き」

和解勧告に応ぜず

現在（一九九二年連載当時）、水俣病の最大の焦点となっているのは、最終的には数千人にのぼるとみられる未認定患者の補償問題である。政府と熊本県は、これさえ解決すれば、水俣病事件の処理は終ると考えていることは明らかだ。

問題は、その処理の仕方である。

関西訴訟を除く国賠訴訟の原告らで結成している「水俣病被害者・弁護団全国連絡会議」（全国連）は、問題の早期解決を図るため、裁判所から和解勧告を出してもらい、それをもとに政府を交渉のテーブルにつかせることを当面の目標にしてきた。

一九九〇年九月の東京地裁の和解勧告を皮切りに、熊本地裁、福岡高裁などで相次いで和解勧告が出た。これに対して、政府は、責任問題は裁判で決着をつけるという方針を固め、これまで和解勧告には応じていないし、今後とも応じる可能性はなさそうだ。

その間に、東京地裁と新潟地裁の判決が言い渡され、二つの判決とも水俣病に対する国の責任を否定した。その影響を受けて、現在、和解の主な舞台になっている福岡高裁での協議は難航しており、和解による解決の見通しは立っていない。全国連の和解戦略は、国の不参加と東京地裁の判決で困難な状況に立たされているといえよう。

和解勧告を拒否した政府は、いわばその対案として、「水俣病総合対策」を打ち出し、この七月から実施している。これは、行政としては最後の対策になると環境庁はいう。

国の総合対策は、一九九一年一一月の中央公害対策審議会の答申を受けて打ち出されたものであり、水俣病発生地域に居住していて四肢末端の感覚障害を有する者を対象に医療費と医療手当を支給するという医療事業と、同じ地域に住む住民の健康調査と保健指導を目的とする健康管理事業の二つからなっている。いうまでもなく、その中心は医療事業である。

医療事業の主な対象になるのは、認定申請を棄却された人々である。これらの者は、水俣病多発地域に居住し、魚を食べてメチル水銀の影響を受け、手足のしびれなどを訴えているが、水俣病としては認定されていない人たちだ。

メチル水銀の影響を受けながら、臨床症状としては感覚障害だけを有する者は大変な数にのぼるが、これらの者が水俣病であるかどうかをめぐって、長い間、争いがつづいている。患者側は、もちろん水俣病だと主張しているが、環境庁の「判断条件」は水俣病とは認めていないし、裁判所の見解も割れている。東京地裁の判決は、水俣病である蓋然性は低いとしたが、一方、新潟地裁の判決は水俣病と認定した。

病像論をめぐる対立

もっとも、臨床症状として感覚障害だけのケースがどれだけあるかは、一般にいわれるほど明確ではない。たとえば、きわめて軽い運動失調を症状としてとるかどうかは、医師によって異なるし、検診の時期によって症状が変動する場合に、これをどう扱うかも微妙で厄介な問題だ。しかし、病像論をめぐる見解の対立は、端的に臨床判断としてどちらが正しいかという問題ではなく、長年汚染地域に住んでメチル水銀の影響を受けたという事実をどれだけ重視して判断するかという基本的な視角の違いから生じているように思われる。

政府の総合対策は、明らかに二つの前提のうえに立っている。それは、①国には水俣病に対する責任がないということと、②感覚障害だけの水俣病は存在しないという前提だ。したがって、この対策は、「水俣病とは診断されないものの、水俣病にもみられる四肢末端の感覚障害を有する者」に対して、その健康上の問題の軽減・解消を図る目的で行われる（中公審答申）。こうしたいい方にも、問題の複雑さがよく現れている。

政府のねらいは、これまで批判の的になってきた現行の認定制度はそのまま維持しながら、この制度では認定されない患者層をこのような形で別途救済することによって、未認定患者の問題に政治的決着をつけることにある。

医療事業による給付内容は、医療費の自己負担分を補助し、月二万円前後の療養手当を支給するというものだ。実質的には、これが補償に代わるものだとすれば、低額補償以外のなにものでもないだろう。

この給付を受けようとする者は、認定申請の取下げを条件として申請することができ、対象者は一回限りの審査で決定され、不服申し立ては許されない。申請は一九九五年三月末までと期限を切られている。しかも、該当者は三年ごとに再審査を受けなければならない。ここには、水俣病事件を早く終わらせるための国家の狡猾な意図が隠されている。

残る問題は、和解協議で話し合われている一時金をどうするかだけだ。どのような金額になるにせよ、再度チッソの救済問題が浮上することはまちがいない。

このように、水俣病事件の「幕引き」は、いまや完全に国のペースで進められている。これは、かつて訴訟派の患者・家族がまったく予想もしなかった事態だといってよい。

水俣病に対する国の責任を含めて、水俣病事件と国家の関わりは深い。両者のありようをさぐるためには、もう一度、一九五六年の公式確認の時点までさかのぼって検討してみる必要がある。そこには、すでに水俣病事件の基本的な構図が露呈しているはずだ。

【註】

連載当時、政府は和解協議を拒否していたが、社会党の村山富市氏を首相とする自社さ政権の誕生で、状況は一変。戦後五〇年の一九九五年、患者とは認定しないものの、一定の要件を満たした者を被害者として一時金や医療費を支給することで訴訟を終結させる「政治解決」がとりまとめられた。これにより約一万一〇〇〇人が救済された。

これで、水俣病問題は終結したと思われたが、大阪で続いていた関西水俣病訴訟だけが応じず、裁判を続けた。その結果、二〇〇四年に国と熊本県の責任を認める最高裁判決が確定し、救済を求めての患者申請がふたたび急増した。

対応を迫られ、自民党と民主党が協議。水俣病被害者救済特措法を制定し、被害者として認定された者に一時金や医療費を支給する「第二の政治解決」がまとめられた。これにより約五万五〇〇〇人が救済された。

しかし、特措法でも救済されなかった人、そもそも特措法の救済は十分でないとする人が今も訴訟を続けている。

いずれの裁判も、「救済されるべき水俣病患者とは」が争われている。

公害健康被害補償法で患者と認定されているのは、熊本一七九一人（うち一六二三人死亡）、鹿児島四九三人（四四四人死亡）、新潟七一六人（六二六人死亡）の計三〇〇〇人にとどまっている。

（二〇二四年末現在）

医学的にも社会的にも未解明な水俣病問題 ──「あとがき」にかえて

水俣病事件は、日本の近代化が生み出したものであり、今日の経済大国日本のもうひとつの顔である。私たちは、この巨大公害事件の歴史をたどることによって、どのような犠牲のうえに現在の日本が存在し得ているかを垣間見ることができるはずだ。

水俣病の存在が熊本県と厚生省によって公式に確認されたのは、一九五六年五月のことであった。だが、水俣病事件はまだ終わっていないばかりか、その後も大きな政治問題になっている。

現在、水俣病の問題として注目を集めているのは、少なくとも数千人にのぼるといわれる未認定患者の認定と補償の問題である。長年、水俣病多発地域に住み、家族ともども水銀に汚染された魚を食べて、手足のしびれなどの症状を訴えながら、いまもなお水俣病の被害者として認定されていない人々がいるのである。さらに魚商ルートにより熊本・鹿児島両県の内陸部まで水銀汚染が広がっている。

公害健康被害補償法に基づく水俣病認定制度は、水俣病の被害者をもれなく救済する制度としてはまったく機能しなくなっており、患者側から破産を宣告されたも同然の状況にある。

そこで、未認定患者の多くは、水俣病患者としての認定と補償を求めて、裁判所に訴訟を起こしている。

状況はいまだ流動的であり、最終的な決着にはなお至っていない。

水俣病患者の補償問題ひとつを取り上げてみても、一九五九年以来の長い複雑な経過があり、そうした歴史を背負って今日の未認定患者の問題もある。

患者補償の歴史は、日本の加害企業とそれをバックアップする行政が水俣病の被害者をどのように扱ってきたかという歴史でもある。それは、「見舞金契約」（一九五九年）の押しつけに象徴されるように、患者たちにとって、その大部分は屈辱にみちた歴史である。裁判と自主交渉の結果、それをはね返して患者側が獲得したものが一九七三年の補償協定であった。しかし、それも大多数の未認定患者にとってはいまや画餅に等しいものと化し、その代わりに「広く、うすく」という低額補償路線が当然のことのように口にされている。

未認定患者の補償問題は、二度の政治的決着をみた。しかし、補償問題の決着が水俣病事件の終りを意味するわけではない。患者が存在する限り水俣病は終わることはないし、この事件は、医学的にも社会的にもまだまだ未解明の部分を多く残しているからだ。

たとえば、重い障害を背負った胎児性の患者たちの存在。これらの患者たちは、有機水銀汚染の人体実験に供されたも同然の被害者といってよいと思うが、この先いったいどのようにしてその生涯を全うするのか。この人たちを含めて、被害者についての本格的な追跡調査はほとんど行われていないのが実情だ。

水俣病事件は風化したといわれ、あるいは水俣病の問題は分かりにくいといわれるようになった。これには、いろいろな要因が考えられる。そのひとつとして、患者層が変わったということを挙げることができよう。まず目につくのは、症状の違いである。いま問題になっている未認定患者の大半は、第一次訴訟判決以後に認定申請をした患者たちで、いわゆる不全型の軽症例に属する人々が多い。かつて強烈な印象を与えた急性劇症型の水俣病とは明らかに症状を異にしている。

もっと重要なのは、被害者としての体験の違いであろう。これらの患者には、旧訴訟派の患者・家族に代表されるような社会的差別や苦難の体験がとぼしい。むしろ、五〇年代から六〇年代にかけて、差別する側にいた人々も少なくない。しかも、新しい認定基準や補償の体系が一応確立してから患者として名乗りを上げた人々であるから、主な関心は自分の認定問題にある。そのため、これらの被害者の交渉相手は主として行政になり、患者自身の行動様式もずいぶん様変わりした。

水俣病の被害者が直接の加害者であるチッソに立ち向かう闘争においては、両者の関係はだれの目にも明らかであった。ところが、行政相手の認定問題ということになると、加害者・被害者の関係のもつ直接性が見失われてしまう。しかも、認定問題は、病像論という特殊専門的な医学の問題にすりかえられて、いっそう分かりにくいものになった。

未認定患者をどう「救済」するかという問題も一般の関心は、それほど高いようにはみえない。

水俣病の問題は、まぎれもなく風化しつつあるといわねばならないだろう。

しかし、私たちは「過去に目を閉ざす者は現在にも盲目となる」という、かつて西ドイツのヴァイツゼッカー大統領が述べたことばを思い起こす必要があるのではなかろうか。

関連資料

文責　今村建二（朝日新聞水俣支局長）

一次訴訟判決五〇年（二〇二三年三月二〇日）――富樫貞夫氏に尋く

――水俣病の裁判と深く関わるようになった経緯は

学園紛争の真っ最中

水俣病一次訴訟が提訴されたのが一九六九年六月。当時、熊本大学は学園紛争の真っ最中。授業も開かれておらず、ふだん大学に出入りのない人もたくさんキャンパスに来ていた。水俣病の支援をしていた人たちとは、そういう状況がないと接点はなかったと思う。熊大闘争の様子を見ていた人もいて、頭の固い年配の教授には相談してもだめだろうと思われたのではないか。当時助教授で若手だった私は学生寄りに発言することもあった。だからわたしのところに来たのだと思う。最初はＮＨＫの宮澤信雄さんではなかったか。最終的には「水俣病を告発する会」代表の本田啓吉さんが来られたと思う。当時、水俣から熊本まで国鉄で二〜三時間かかったと思うが、毎朝、患者の家族も大学の研究室まで訪ねてきた。これは断れないと思った。

——そのころ、一次訴訟を巡る状況は厳しかった

東京の法律学者は「一〇〇％勝てない」と

訴訟を起こすにあたって、宇井純さんが、学界を代表する東京の法律学者数人をまわったところ、一人も、この訴訟で勝てると言った人はいなかったという。「一〇〇％勝てない」「和解や調停を申し立てるべきだ」と。

それでも裁判は始まり、患者たちは引くに引けない状況だった。

ポイントは過失論だった。当時の日本の判例では、予見可能性を立証できないと企業の過失責任は問えなかった。それまでと違う過失論を打ち立てる必要があったが、弁護団は準備書面が書けずにいた。過失という言葉はそれまでの準備書面にあっても、それを裏付ける理論はまったくない。裁判所からも「過失論はどう主張するのか」と再三求められていた。これはまずいということで、支援者が「熊本大学にも法律の専門家がいるだろう」と私のところに来た。

宇井さんが東京で聞いてきた厳しい評価のことは教えてもらえてはいなかったが、私も大変な裁判になるということはひととおり話したと思う。

——そこで「水俣病研究会」が誕生した

法律のアドバイスだけで解決するものではないのは明らかだった。医学を含め、水俣病事件の全体を明らかにする必要があるので、いろんな専門家にも参加してもらう研究会をつくってほしいと頼んだ。

研究会では過失論を改めて検証し、判例・学説にもあたった。しかし、従来の過失論ではチッソに勝てないことは明らかだった。そこで新たな過失論の構築をめざすことになった（＊詳細な過程は本文にあるとおり）。

毎週末、合宿を繰り返し、徹底的に議論した結果、一年がかりでうまれたのが「安全確保義務」という考えを踏まえたレポートだった（後に『水俣病にたいする企業の責任　チッソの不法行為』として出版される）。

このレポートはそのまま準備書面として裁判所に提出された。裁判所から期日まで指定されて過失論の準備書面を求められていた弁護団は、よほどあわてていたのか、レポートに表紙だけつけてそのまま出したという。こちらはこちらで、できあがったレポートは直接裁判所にすでに郵送していたので、準備書面が届いたときは、裁判所は弁護団の内情がよくわかったのではないか。

弁護団は後に過失論を「汚悪水論」という言い方で論じるようになったが、このレポートで導き出した過失論とはかなり違う。もちろん論だけ立てようとしたら三つでも四つでも立てられる。

弁護団ももともと常識論としての過失論はあったのだが、それを法理論としてどう組み立てるかが難しい。ぼくたちの過失論は立論をよりていねいにやったし、なにより患者の思いを大事にした。訴訟が進むにつれて患者たちも「裁判は自分たちの思いからずいぶんずれてきた」と語っていた。

研究会の過失論は、後に『法学セミナー』（日本評論社）という専門誌に整理して連載したが、これを担当裁判官も読んでくれたようだ。

過失論を理解

――裁判官と話す機会があったのか

実は斎藤次郎裁判長と休日にばったり山であった。一度だけ、裁判が終わった後だったか、時期は忘れたが、彼も山登りが趣味だと言っていたが、くじゅうの山道で偶然会って、それで一時間ほど、いっしょに弁当箱を広げて昼食を取った。そのとき、いろいろ話をさせていただいた。もちろん、裁判官には「評議の秘密」という守秘義務が課せられているから、いろいろは話せない。だから、ぼくが話して、彼がもっぱら聞き役だったけど、五分としないうちに、レポートや法学セミナーはしっかり読んでくれていることが伝わった。まず「全部読ませていただきました」ということは最初におっしゃってくれたし、こちらが話題に出したことは、すぐに理解してくれた。ぼくたちの過失論はよく理解してくれていた。

——法廷にもずっと通われた

「近代」と「前近代」がぶつかりあう

熊大闘争で大学も授業がない日が続いていたので、初回の口頭弁論から欠かさず傍聴できた。訴訟の進行は書面でもたどれるが、法廷に通うことで「弁護士と裁判官」と「水俣から通う患者家族」という「二重構造」になっていることがよくわかった。近代法による司法の仕組みで裁判は進行していくが、患者家族は水俣で魚を捕って暮らす、「前近代」の日常の暮らしの延長で裁判を見ている。ふつうの法廷ではないチャチャが患者家族から入れられたりしていた。患者は水俣病の被害でこわされた日常の暮らしへの怒りをぶつけ、チッソの責任者にきちんと謝罪してもらうことを訴訟に求め、法廷に通った。だが、法廷は双方の代理人が書面をもとにやりとりする場。必ずしも患者の思いが伝わる場ではなかった。「近代」と「前近代」がぶつかりあう、ふつうの訴訟とは違う法廷だった。

——一次訴訟の意義は

四大公害訴訟でどれが最も世の中に影響を与えたかという議論があって、マスコミは新潟水俣病か四日市ぜんそくの裁判を挙げる。もちろん新潟は最初に裁判を始めたし、四日市やイタイイタイ病も因果関係の証明で苦労した。しかし、熊本水俣病は、まったく前例のないところで過失責任を証明しなければならなかったところで困難さがまったく違った。

従来の過失論では、圧倒的に企業サイドに有利になってしまう。伝統的な不法行為理論は予見可能性のもとで近代産業を法的に守り、産業が発展した面もあるが、そのうら側で被害を受けた多くの人がいた。そのことが真っ正面から問われたのが水俣病訴訟だった。被害者救済にとって必要な部分が空白だった。安全確保義務によって、危険なものを扱っている企業は調査、研究を果たし、危険なものを外に出してはいけないということは、その後に議論されるようになった「予防原則」にもつながった。明治以降の膨大な判例の山を一つの事件でひっくり返したことは画期的だった。

――一次訴訟の後も、未認定患者への賠償を求めた二次訴訟、国や熊本県といった行政の責任を追及する三次訴訟と続いた

司法の役割果たさず

国と熊本県の責任は二〇〇四年の関西訴訟最高裁判決で確定したわけだが、関西訴訟判決の法

的な分析はいまだ十分ではない。
たとえば、判決では水俣病という言い方をあえて避けて、「メチル水銀中毒症」という病名を判決でつけてしまったのは問題だ。行政の一機関に過ぎない審査会による水俣病の未認定が問題になって裁判をしているのに、司法がその是非の判断を放棄している。これでは司法の役割を果たしているとは思えない。

――関西訴訟の後も裁判が続いている。水俣病と認定するよう求める認定義務づけ訴訟では二〇一四年の最高裁で原告勝訴の画期的な判決があったが、一方で、損害賠償請求訴訟では原告にとって厳しい判決も増えている

損害賠償請求訴訟では、圧倒的にデータをもつ国側が膨大な資料を出してくるので、よほどしっかりとした主張を組み立てないと裁判官を納得させるのは難しい。まだ、認定義務づけ訴訟のほうが可能性はあると思う。

――一次訴訟から五〇年が過ぎた今をどう見るか

エリア全体の疫学的調査の必要性

水俣病について言えば、広範な疫学調査がされていないのが根本的な問題。いまだに病気の全体像がわからないわけだから、解決のしようもない。これまでも疫学調査はあるが部分的なものにとどまっている。被害の広がりが考えられるエリア全体の調査を、予算も人員も時間もかけて徹底的にやるべきだ。それができていないから、水銀汚染で参考になるデータや教訓を世界に発信することもできない。人類が経験した最初の巨大なメチル水銀汚染であるのに。

そもそも、一次訴訟から五〇年たつが、水俣病を伝える映像はあまりにも古いものが多い。だから古いままの水俣病のイメージが一般には強く、終わった話、過去の話という印象をもたれてはいないか。

水銀汚染は現在進行形の話だ。温暖化の次に環境汚染は国連でも大きな課題と言われている。世界では、まったく水銀に汚染されていない魚を食べるのは無理だという前提で、量的規制をしているケースもある。日本はそれができていない。マグロは食べ放題。

「予防原則」も十分いかされていない。原発訴訟でもいかされるべきだが、そうなっていない。正しく理解されていないのは残念だ。一次訴訟の過失論が表面的にしか理解されないまま、時間が経過したことが影響していると思う。

熊大医学部の研究のあり方ももっと検証されるべきだ。研究班というほどのまとまりはなかった。重症者以外の研究も十分だったとは思えない。

——それだけに、今回の本が改めて水俣病と裁判、とりわけ一次訴訟の過失論を見つめ直す機会になればと思う。わたしも学生時代に、本のもとになった熊大法学部での講義を聴けたわけだが、結局、一九九二、九三年度の二年間しか開講されていないのはなぜ？

同時代の事件を講義

そもそも水俣病という同時代的な事件をそのまま大学で講義するというのが、大学の常識からすると難しかった。大学闘争では学生側に立って、かなり思い切って発言したほうだが、そんなぼくにも、大学のあるべき姿という考えがあって、学問を語るべき教室に、同時代の事件や闘争を持ち込むべきではないと思っていた。しかし、法学部の学生や卒業生からは、かねてから、なぜお膝元の熊大で水俣病の講義がないのか、やるべきだという声はいただいていた。それで週刊読書人で連載のお話をいただいたのを機に、やらせていただくことになった。恒常的なものにするつもりはなかったので、最初は一年だけのつもりだったが、連載が長くなったから講義も二年目をやったのではなかったか。非常にいい機会をいただいたと今では思っている。

——せっかくの機会なので、そもそもの話をもうひとつ聞かせてほしい。先生の水俣病の業績からすると、民法、公害法、環境法が専門領域のように思えるが、なぜ専門は民事訴訟法なのか

偶然のなせるわざ

東北大学を卒業するときに就職活動で一流企業を受けた。当時ペーパー試験を受けて面接前に二～三人に絞るのが普通。ペーパーは通るが重役相手の面接で、重役にかみついてしまう。そうしちゃいかんとは教わったけど、それができなかった。それで親しい刑事訴訟法の先生に相談したら、「うちはとれない。刑事訴訟法ではめしもくえない。民事訴訟法がいいよ」と言われた。それまでまったくつきあいのなかった民事訴訟法の先生を紹介してもらった。大学の成績だけはよかったので助手として雇ってもらった。

民事訴訟法の先生は口べたで講義が全然おもしろくなかった。だから、自分が専攻するとはまったく思っていなかった。しかし、それが生涯の仕事になって熊本に来て水俣病に出会うことになるとは。偶然もいいところですね。

（二〇二三～二四年、聞き手は今村建二）

主な水俣病関係の訴訟と富樫氏の見解

水俣病一次訴訟　一九六九〜一九七三

水俣病患者がチッソに損害賠償を求めた最初の裁判。一九五九年の見舞金契約でチッソによって決着させられた患者補償問題が、一九六八年の政府による水俣病公害認定で再燃。公式に原因企業として確定したチッソに対し、水俣病患者家庭互助会が補償を要求した。チッソが交渉の斡旋を厚生省に求めた際に患者側に「確約書」の提出を求めたため、互助会は一任派と訴訟派に分裂。確約書を拒んだ訴訟派の患者家族が一九六九年六月一四日、チッソに対し損害賠償を求めて熊本地裁に提訴した。新潟水俣病の患者らが新潟で先に裁判を起こし、連帯を求めて水俣を訪れたことも提訴を後押しした。四年にわたる裁判では、元チッソ付属病院長・細川一氏によるネコ実験の証言、水俣病研究会による新しい過失論の提起などがあった。新しい過失論は準備書面として提出され、『水俣病にたいする企業の責任　チッソの不法行為』として出版もされた。一九七三年三月二〇日の判決では、チッソの過失を認めた上で、見舞金契約を公序良俗に反して無効とし、チッソに対しＡランク一八〇〇万円、Ｂランク一七〇〇万円、Ｃランク一六〇〇万円の慰謝料を支払うよう命じた（原告一三八人中一一二人）。チッソは控訴せず一審判決で確定。判決をもとにチッソと患者らが東京で交渉し、一九七三年七月九日に補償協定が結ばれた。その後の患者補償の基準となって今に続いている。なお、判決後に報道陣の求めに応じた斎藤次郎裁判長は文書でコメントを発表。公害問題が裁判所で解決されている現状をどう思うかとの問いには「現状はともかく、裁判は当該紛争の解決だけを目的とするもので、そこには自ずから限界があるから、裁判に多くを期待するのは誤りである。企業側とこれを指導監督すべき立場の政治、行政の担当者による誠意ある努力なしに根本的な公害問題解決はあり得ない」（一九七三年三月二〇日付熊本日日新聞夕刊一面）と答えた。その後の水俣病をめぐる課題を言い当てている。

水俣病二次訴訟　一九七三～一九七九

未認定患者がチッソに損害賠償を求めた裁判。一九七三年一月二〇日に水俣病被害者の会の患者家族（三一世帯、一四一人）が熊本地裁に提訴。未認定患者が裁判による認定を求めた訴訟として注目された。提訴後に患者認定された多くの原告が訴えを取り下げたが、棄却された原告が裁判を続けた。どのような症状を水俣病とみなすかが争点となり（病像論）、地裁は椿忠雄氏と原田正純氏に医学鑑定を依頼。二人の鑑定が対立した。地裁は一九七九年三月二八日の判決で、一四人のうち一二人を水俣病と認めた上で、死亡原告一人について二八〇〇万円の慰謝料を命じたが、残りは一〇人を一〇〇〇万円、一人を五〇〇万円とし、補償協定の最低ランク一六〇〇万円を下回った。原告被告双方が控訴し、福岡高裁で裁判は続いた。係争中に行政認定されるなど九人が和解したため、控訴審の原告患者は五人。一九八五年八月一六日の判決で、西岡徳寿裁判長は、水俣病の認定制度について「昭和五二年の判断条件は（中略）広範囲の水俣病像の水俣病患者を網羅的に認定するための要件としてはいささか厳格に失している」と批判。その上で四人を水俣病と認めた上で、慰謝料は一人が一〇〇〇万円、二人が七〇〇万円、一人が六〇〇万円とした。高裁係争中に死亡し、病理解剖の結果、小脳にメチル水銀中毒の病変があったと主張して争った原告一人については「有機水銀による影響は認められるが、解剖結果だけでは水俣病とはいえない」として訴えを退けた。なお、判決で西岡裁判長は認定と補償についても触れており、「協定書による協定は（中略）極めて軽微で不全型の水俣病症状を有するものが、審査会において水俣病と認定されることを予測していなかったものと思料される」「しかるに水俣病の病像は（中略）極めて軽微で症状の把握も困難な慢性不全型にまで及んでいることが次第に明らかになり、水俣病の病像は極めて広範囲のものとなった。しかし審査会における水俣病の認定と前記協定書による補償金の支払が直結（認定を受けた患者の希望による）していて、軽微な水俣病症状のものが、水俣病と認定されると補償金の受給の点では必ずしも妥当ではない点があるのは否めない」「審査会の認定審査が必ずしも公害病救済のための医学的判断に徹していないきらいがあるのも、前記協定書の存在がこれを制約しているからであって、少なくとも前記協定書に、極めて軽微な水俣病の症状を有するものも水俣病と認定されることを予測し、その症度に妥当する額の補償金の協定が定められていたのであれば、審査会における水俣病の認定審査も水俣病の病像の広がりに応じてそれなりの対処ができたものと思われる」としている。

この点について富樫は著書『水俣病事件と法』（石風社　一九九五年）の「第二次訴訟控訴審判決を読んで」で以下のように論じている。「判決の病像論は、これを単に医学上の問題として論じるのではなく、補償問題との関わりで論じる点に特徴がある。判決の病像論は、認定基準と補償との相関という視点で貫かれている」。その上で、水俣病と認定された四人の原告は、認定申請を棄却されていることが重視され、補償協定のＡＢＣランクより低く位置づけられ、四人の中でも臨床症状の差で、さらに金額に差が付けられたと解説している。

そこで、四人は本当に軽症で慰謝料の額は低額が妥当なのかを分析。判決の損害論について①水俣病の被害は臨床症状に尽きるものではなく、患者の全生活に及ぼした被害総体としてとらえるべきである②協定書の補償額そのものが一二年前（判決当時）のもので現在、妥当ではなくなっている③判断条件を参考に審査会は水俣病かどうかを判断するが、症状の程度（症度）は判断しない。判断条件に合致すれば水俣病と認定しなければならない、と批判。また軽症とした四人の症状について、一人は、判決で示した臨床所見を認めるなら、むしろ判断条件に合致しているとして水俣病と認定しなければならないケースとしている。

重症でない中軽度の症状の被害をどう認め、どの程度救済すべきかは、現在も議論が続いている重要な課題である。

水俣病三次訴訟　一九八〇～一九九六

未認定患者がチッソのほかに、初めて国と熊本県に損害賠償を求めた国家賠償請求訴訟。一次訴訟以来、チッソの責任だけでなく、被害を発生、拡大させた国・熊本県の責任追及は被害者の間で強く意識されていた。チッソの経営悪化が進んだことも提訴の背景としては見逃せない。一九八〇年五月二一日に熊本地裁に提訴された後、一九八四年五月に東京地裁、一九八五年一一月に京都地裁、一九八八年二月に福岡地裁と全国各地に広がった。

一連の三次訴訟の最初の判決は一九八七年三月三〇日の熊本地裁での一陣判決。相良甲子彦裁判長は、国・県の責任を明快に断じ、すでに行政認定されている五人を除く残りの原告六五人全員を水俣病と認め、賠償を命じる判決を言い渡した。

「相良判決」と呼ばれるこの判決は、行政責任以外にも水俣病の立証方法、患者のランク付け、損害の算定などいくつも注目すべき点があると富樫は指摘している。『水俣病事件と法』所収の「第三次訴訟一審判決を読む」から要点を紹介する。

国・県の責任としては、水質二法などで工場排水を規制すること、食品衛生法や県漁業調整規則で魚介類の漁獲、販売を禁止することが挙げられる。水質二法は公害規制のためにうまれた法律だが、食品衛生法などは公害規制を直接の目的としたものではないため、被告は、行政庁が法の目的を超えて規制権限を行使することは許されていないと主張した。しかし、判決は「行政法規の趣旨、目的が、第一次的には個々の国民の生命、健康を守ることにはなかったとしても、当該法規が間接的、究極的には、個々の国民の生命、健康の安全確保を目的としており、他に右緊急事態に即応する適切妥当な行政法規がない場合にも、緊急避難的に当該法規を適用して重大な危害を防止及び排除すべき義務があるものというべく、右義務に対応する規制権限を有するものと解するのが相当である。行政庁は、個々の国民の生命、健康の重大な危害が切迫している場合、積極的に右危害の発生を防止及び排除するのに役立つ各種法規の規制権限を行使し、強力な行政指導を行う等、できる限りの可能な手段を尽して危害の発生を防止及び排除の措置をとるべき義務がある」として行政責任を認めた。

この点について富樫は「国民の常識に合致し、正論」と評価した上で「これまでの裁判ではみられなかったほど大胆（中略）その意味で、どの裁判官でも同じような判断をするだろうという保証はない。今度の判決によって、被告側の法律論がまったく説得力を失ったとは、到底いえないであろう。ここに、問題のむずかしさがある」と指摘した。その後の裁判で、水質二法にもとづく行政責任は定着してきているが、食品衛生法にもとづく責任は認められないケースが続いており、富樫の予想したとおりになっている。

次に水保病をどう判断するかについては、①メチル水銀曝露の事実②水保病の臨床症状をあげ、①は疫学的調査で判断、②は症状が水保病以外の疾病にもとづくことが明らかである場合を除いて水保病とは否定できない、と判断条件をより広くとらえた。その立証方法についても、主治医の診断と患者本人の供述を基本とする、患者側の主張に沿ったもので、富樫も「水俣病認定の歴史において画期的」と評価している。

一方、慰謝料は全員に各一八〇〇万円を請求していたが、Aランク二〇〇〇万円（一人のみ、胎児性死亡患者）、Bランク一六〇〇万〜一〇〇〇万円（一八人、ほとんどは一四〇〇万円以下）、Cランク一二〇〇万〜三〇〇万円（四六人、ほとんどは九〇〇万〜六〇〇万円。三〇〇万円は感覚障害だけの一人）で、BCランク内は一〇〇万円刻みだった。この補償を富樫は「細分化」と「低額化」が特徴と指摘。「判決は、認定基準をゆるめて幅広く認定する代わりに補償額を低く抑えるという発想をはじめて打ち出した」と解説している。「患者補償における細分化と低額化の流れは、今後ますます大きくなりそう」と予想する富樫は、「救済されるべき患者をもれなく救済すること自体は必要（中略）しかし、それは救済の質と内容がどうでもいいということでは決してない」「いま最も必要なことは、もういちど原点に立ち帰って、水俣病患者の被害に十分見合った補償のあり方を検討すること」と主張している。

三次訴訟はその後、各地で判決が相次ぎ、熊本地裁（熊本二陣）、京都地裁が行政責任を認めたのに対し、東京地裁が責任を否定と判断が分かれるなか、各裁判所は次々に和解を勧告。国は拒んでいたが、一九九五年に自社さ連立政権の村山富市内閣が救済策を閣議決定（いわゆる第一の政治解決）。各原告団はこれに応じ、訴えを取り下げた。

関西水俣病訴訟　一九八二〜二〇〇四

「水俣病被害者・弁護団全国連絡会議」（全国連）による水俣病三次訴訟とは別に、国と熊本県の責任を追及して関西移住者が一九八二年一〇月に大阪地裁に提訴した国賠訴訟。三次訴訟は、一九九五年の政治解決策を受け入れて訴訟を取り下げたが、関西訴訟は応じずに裁判を続けた。その結果、二〇〇四年の最高裁判決で水俣病の国・県の責任を初めて確定させた。

大阪地裁の判決は一九九四年七月一一日。不知火海周辺から関西に移住した未認定患者五九人（うち一六人死亡）とその遺族が原告。判決は国・県の責任を否定したが、チッソの責任は認め、四二人を認定し、八五〇万〜三五〇万円の支払いを命じた。訴えを退けた一七人のうち一二人は水銀汚染地域から離れて提訴まで二〇年以上経過しているとして除斥を適用した。残る五人は水俣病ではないとした。

大阪高裁では二〇〇一年四月二七日、国と県の法的責任について、岡部崇明裁判長は、当時の水質二法などに定められた権限を行使しなかった違法があったとし、一九六〇年一月以降について認めた。水俣病かどうかの判断について「判断条件」が複数の症状の組み合わせを求めているのに対し、判決は「一定の条件があれば、感覚障害だけで認められる」とした。判断条件については「一八〇〇万円〜一六〇〇万円の補償金を受けるに適する症状のボーダーラインを定めたもの」と位置づけた。除斥は、転居時から認定申請が二四年（症状が現れるのは水銀摂取から四年以内なので転居から四年が起算点）を過ぎた七人を対象としたうえで、国と県には原告患者四五人に対する賠償責任を、チッソには五一人に対する賠償責任を認めて、一人当たり八五〇万〜四五〇万円の賠償を命じた。

水俣病をめぐる行政の法的責任についての初の高裁判断で、賠償総額のうち国と県の責任範囲はチッソの四分の一とされた。

チッソは上告しなかったが、国・熊本県が上告したため、初めて最高裁で水俣病の責任が判断されることになった。判決は二〇〇四年一〇月一五日。基本的に大阪高裁の判決を踏襲する形で水質二法による規制が可能だった一九六〇年一月以降の国・県の責任を認めた。

除斥についても「身体に蓄積する物質が原因で健康が害される損害の場合、（中略）加害行為が終了してから相当の期間が経過した後に損害が発生する場合には、当該損害の全部または一部が発生した時が除斥期間の起算点になると解するのが相当である。このような場合に損害の発生を待たずに除斥期間が進行することを認めることは、被害者にとって著しく酷であるだけでなく、加害者としても、自己の行為により生じうる損害の性質からみて、相当の期間が経過した後に損害が発生し、被害者から損害賠償の請求を受けることがあることを予期すべきである」として除斥の適用を退けた。

一方で、高裁が損害賠償を認めた八人について「一九五九年一二月以前に水俣湾周辺地域から域外へ転居しており、行政の怠慢が原因で被害を受けたとは認められない」として賠償請求を棄却した。

最高裁判決は、国・県の責任を認めたこと、感覚障害だけでも被害を認めたことなどから画期的と高く評価された。しかし、一方で国・県の責任を水質二法だけに限ったことで一九五九年一二月以前は含まれなかったこと、被害を水俣病とせずメチル水銀中毒症として、行政上の水俣病と区別したことで、行政上の被害認定と司法上の被害認定の「二重基準」が生じることとなり強く批判もされることとなった。

この点を富樫も問題視している。

『水俣学講義　第4集』（原田正純・花田昌宣編著　日本評論社　二〇〇八）に収められている「事件史から見た最高裁判決の限界」で関西訴訟最高裁判決が批判的に検証されている。

「大阪高裁もまったく同じですが、最高裁の判断の特徴は原因物質にこだわった判断だという点にあります」と指摘。水俣病の原因物質が有機水銀と突き止められるのが一九五九年七月で、「やっと被害の拡大防止対策がとれるということになるわけで、それ以前は（中略）国・県の責任も問えないということになるんですね。ここに大きな問題があるわけです」とする。

富樫は「水俣病の原因と水俣病の原因物質とは明確に区別して考える必要がある」と語り、「水俣病の原因という場合には、汚染魚も原因といえるんです」「水俣病の被害の拡大をなんとか食い止めなければならない（中略）そのためには、三年という時間と膨大な研究を積み重ねて、原因物質の化学構造まで完璧に明らかにする必要はなかった（中略）。水俣病の原因である魚を人間に近づけないようにすればいい。（中略）けれども、判決は原因物質に非常にこだわっていて、これが解明されなければ、有効な対策はとれない、被害の拡大防止はできないという前提で国・県の責任を判断しています。これは非常に問題です」と指摘している。

まさに「安全確保義務」の発想である。この考えを構築した『水俣病にたいする企業の責任

チッソの不法行為』の復刻版に寄せた解説に富樫はこう記している。「本書が提起した安全性の考え方は、基本的には現在でもそのまま通用する考え方である。その後の判例をみる限り、『安全確保義務』や『安全配慮義務』という言葉自体はかなり定着したようにみえる。しかし、安全性の考え方そのものがどれだけ深く理解されているかは疑問である。水俣病事件に限ってみても、水俣病に対する行政の責任を確定した二〇〇四年の最高裁判決には、残念ながらこのような考え方はみられない」としている。『水俣学講義　第４集』でも「（最高裁の）考え方は被害を未然に防止するという予防原則に照らしてみても根本的に誤りであったということです」「最高裁判決は（中略）誤った理解のうえに立って行政の責任判断を行うという限界をさらけ出してしまった」と語っている。

さて、それでは、いつまで責任はさかのぼるべきなのか。水俣湾の魚が有毒化していることが明らかになるのが一九五七年七月。水質二法はまだない。食品衛生法が考えられ、裁判でも主張されているが、多くは否定されている。『水俣学講義　第４集』で富樫は「たしかに法解釈のうえでいろいろバリアがありそれを乗り越えなければ食品衛生法の適用はできないとは思います」

と前置きした上で、「食品衛生法自体がもっている内在的な限界が適用を困難にしたとは私は思いません」と述べている。

もう一つの問題点、「認定基準」について、最高裁判決は、水俣病とは言わずにメチル水銀中毒症かどうかの判断をしており、判断条件の合理性について「なんらその判断を示していない」と批判。「新聞などは『最高裁は今度の判決で一九七七年の判断条件を事実上否定した』と繰り返し書いてありますが、そういうことはいえない（中略）判断条件が医学的にみて正当なものかどうかについては判決はなにもいっていない。それはむしろ、医学界でどうぞお決めくださいというい方だと私は思います」としている。

一方で、最高裁判決で行政の認定基準が緩和されるという期待感がうまれ、一九九五年の政治解決後に沈静化していた水俣病の認定申請が急増することになった。対応を迫られた政府はその後、水俣病被害者救済法（特措法）を議員立法で制定、第二の政治解決につながることになった。

関西訴訟では医学的に大きな成果をあげた。典型的な症状の感覚障害は、検査する時によって障害の部位が違い、症状も重かったり軽かったりする。従来の「末梢神経説」では、この変動をうまく説明できないため、症状が変動する患者は「ニセ患者」などと批判されてきた。しかし、関西訴訟では熊本大学医学部の浴野成生教授らが「主に大脳皮質の損傷による」という中枢説を主張、これが採用されたことで変動が正しく説明できるようになった。このほか、「疫学」の主張が初めて水俣病の訴訟で展開されたことも、後の裁判に大きな影響を与えた。

溝口訴訟　二〇〇一～二〇一三

母親が水俣病の認定を申請していたのを長年放置され、棄却された、次男の溝口秋生さんが、熊本県に棄却取り消しと認定義務づけを求めて二〇〇一年一二月一九日に熊本地裁に提訴した。

魚介類を多食していた母が認定申請したのは一九七四年。一部の検診を残したまま、七七年に死亡した。溝口さんは翌年から毎年、母の命日に県に審査状況を問い合わせたが、答えは「検討中」。一九九五年には「資料がそろっていない」と棄却された。溝口さんは九五年、棄却処分取り消しを求めて国に行政不服審査を請求。審査のやりとりで、県が一七年間、カルテ収集などの病院調査をしていなかったことを初めて認めた。だが国は二〇〇一年、請求を退ける裁決を下したため、提訴。①申請時の主治医の診断書には感覚障害が記されており母親は水俣病と認められる②処分の遅れは違法と主張した。

二〇〇八年一月二五日の熊本地裁判決では、「カルテの廃棄などで証拠提出されておらず、申請時の診断書は自覚症状の記載が主」とし「症状に関する客観的な資料に乏しく、水俣病と認めるだけの証拠がない」とした。処分の遅れは「多数の申請者を抱え、生存者を優先せざるを得ない当時の状況ではやむを得なかった」などとして訴えを全面的に退けた。

一方、二〇一二年二月二七日の福岡高裁判決では、複数の症状の組み合わせを必要とする認定基準について「水俣病にかかっているか否かを症状だけから迅速に判断するためのもので、判断基準を満たさない症状が水俣病であることを否定できるわけではない」「水俣病かどうかは、医学的知見を踏まえてさまざまな事情を総合的に考慮して判断する必要がある」「現行基準を唯一の基準とするのは不十分。硬直的に運用したため、本来は水俣病と認定されるべき申請者が除外されていた可能性がある」などと指摘。その上で、感覚障害があり、汚染度の高い魚介類を日常的に食べていたとして「慎重に検討すれば水俣病と認定できた」とした。処分の手続きについても、水俣病と認められるものを見逃していたので違法とした。

この高裁判決を富樫は「『水俣病とはなにか』という問題の核心に真っ向から切り込んだ画期的な判決だ」「水俣病かどうかを判断する最も重要なポイントは、チッソが流したメチル水銀と、不知火海周辺で汚染魚を食べて発病した人の症状の間に因果関係があるかどうか。因果関係の判断は、疫学的事項も含めた諸事情を総合的にみて決するのが常識だ」（二〇一二年二月二八日付け熊本日日新聞朝刊）と指摘した。

そして、二〇一三年四月一六日の最高裁判決（関西訴訟の後に、大阪地高裁で患者認定を求めて争っていたF氏訴訟と統一して判断）では、熊本県の上告を棄却し、溝口さんの勝訴が確定した。患者の認定を命じた判決が最高裁で確定するのは初めて。感覚障害だけでは水俣病と認められないとする科学的根拠はないと指摘。一九七七年基準には申請を迅速に処理するための一定の合理性はあると認めつつ、「症状が複数でない場合も水俣病と認定する余地がある」と述べ、より弾力的な運用に緩和すべきだとの考えを示した。また、県の認定にあたっては、「病状のみならず、生活歴などから総合的に判断する必要がある」と指摘。「認定は客観的事実を確認する行為で、行政庁の裁量に委ねられるべきものではない」とも述べた。

これにより、認定基準が見直されると多くが期待した。しかし、国は「判決は基準を否定していない」として見直さず、二〇一四年三月七日に新たな運用指針を熊本県などに通知した。この「新指針」では、手足の感覚障害だけでも認定できるとしつつも、メチル水銀に汚染された魚介類を多食した時期や、食生活の内容、魚介類の入手方法を確認し、汚染当時の頭髪、血液、尿、へその緒などによる体内の有機水銀濃度などを確認するとした。また水銀摂取の確認もできる限り客観的資料で裏付けることも求めた。水銀汚染からすでに長い時間が経過しており、これだけの証明をするのは困難であることから「認定のハードルをむしろ上げたもの」と批判があがった。富樫も「水俣病認定は水銀曝露と症状の因果関係を基本とした客観的事実の確認というのが最高裁判決の趣旨。現行基準が示す医学上の診断とは違う。にもかかわらず通知（新指針）には現行の認定基準中心の制度を変えようとした形跡がない。さまざまな条件を付け加えて認定を難しくしているだけだ」（二〇一四年三月八日付熊日）と批判している。

水俣病被害者互助会訴訟　二〇〇七〜

関西訴訟最高裁判決後、公害健康被害補償法に基づいて患者認定を申請している水俣病被害者互助会のうち、胎児性患者と同世代の会員が国、熊本県、チッソに損害賠償を求めて二〇〇七年一〇月一一日に熊本地裁に提訴。当時、与党プロジェクトチームで「第二の政治解決」に向けた検討が進められていたが、低額の一時金で調整が進んでいた。すでに提訴していたノーモア・ミナマタ一次訴訟（後述）も「低額化」の流れを受け、請求額は一人あたり八五〇万円だった。これに対し、あくまで公健法による患者認定を求める互助会は、請求額を補償協定に基づいて一六〇〇万円（重症の車いす男性は一億円）とした。熊本地裁は二〇一四年三月三一日、三人に、一億五〇〇〇万円（車いす男性）、四四〇〇万円、二二〇〇万円の支払いを命じたものの、残り五人は棄却した。水俣病の判断基準は「メチル水銀の曝露の程度が高度で、四肢末端優位の感覚障害をはじめとする兆候があり、ほかの疾患が原因と考えられない場合」とした。その上で、家族に認定患者がいるかどうか、へその緒や毛髪の水銀値といった客観的証拠を重視。五人は水銀の高濃度曝露はなく、他疾患の可能性が考えられるとした。この判決を富樫は「曝露条件を細かく証明するデータがなければ『水俣病の症状を引き起こすほどの曝露を受けていない』と判断される。確定的な判断材料がないのは、行政がやるべき調査をしなかったせいだ（中略）証明責任を被害者に負わせるのはあまりにも酷で、公平性の面からみても問題がある」（熊日二〇一四年四月一日付け朝刊）と指摘している。八人全員が控訴したが、二〇二〇年三月一三日の福岡高裁判決は、三人の認定も取り消し、全員敗訴になった。高濃度の曝露が認められない、高濃度の曝露を認めても他疾患の可能性があるという理由だった。上告したが二〇二二年三月八日付で最高裁は福岡高裁の判決を支持し、全員の請求を棄却した。八人のうち七人は、熊本県と鹿児島県に患者として認定するよう求める義務づけ訴訟を二〇一五年一〇月一五日に熊本地裁に提訴しているが、こちらも二〇二二年三月三〇日に熊本地裁は全員の請求を棄却した。損賠訴訟の福岡高裁判決を踏襲する内容だった。現在、控訴し、福岡高裁で係争中。

ノーモア・ミナマタ一次訴訟　二〇〇五〜二〇一一

二〇〇四年の関西訴訟最高裁判決後、認定申請が急増する一方、司法と行政の「二重基準」を嫌う認定審査会の一部の委員が反発し再任を拒否、審査会が休止状態に陥ったため、多くの認定申請が審査されないままとなった。この状態を不服として、未認定患者らでつくる水俣病不知火患者会が国、熊本県、チッソを相手取って一人あたり八五〇万円の賠償を求めて二〇〇五年一〇月三日に熊本地裁に提訴した。大阪、東京、新潟でも同様の訴訟が起こされた。

原告側は関西訴訟最高裁判決を基本に、水俣病患者かどうかや慰謝料の額を裁判所に判断を委ねる「司法救済制度」を確立し、三年以内に被害者救済問題の解決を目指すとした。

国は認定基準の見直しは拒む一方、新たな救済策づくりを進めた。二〇〇九年七月に水俣病被害者救済法（特措法）を成立させ、具体的な救済策を政権交代後の民主党政権が二〇一〇年四月に閣議決定した。並行して裁判所で和解協議が進み、二〇一一年三月に和解が成立。水俣病の訴訟で裁判上で和解が成立した初めてのケースとなった。

ノーモア・ミナマタ二次訴訟　二〇一三～

特措法の成立で多くの未認定患者が救済を期待したが、対象地域や対象世代の「線引き」で救済対象から漏れたり、二〇一二年七月での申請締め切りで、未申請のまま救済から漏れたりする人が発生した。それを不服として、水俣病不知火患者会の四八人が二〇一三年六月二〇日、国、熊本県、チッソを相手取って一人あたり四五〇万円の賠償を求める訴訟を起こした。追加提訴（計一四陣）で原告は一四〇〇人にまで増えたほか、大阪、東京、新潟でも同様の訴訟が起こされた。

対象者の居住歴が不知火海沿岸広域に広がっていること、公害の発生から時間が経過していることから、原告を水俣病と認めさせるのはこれまで以上に困難であることが当初から予想された。そこで原告側は「疫学」の主張を前面に展開。水俣病特有の症状は、水俣病と無関係の地域と比べると、不知火海沿岸では非常に高い割合で表れていることから、「不知火海沿岸に居住歴があり、過去に水銀に曝露されていることが明らかで、水俣病に特有の症状があれば、その人は水俣病と認められる」と主張し、争った。

まず二〇二三年九月に大阪地裁で最初の判決が言い渡された。遠野みき裁判長は、疫学を「法的因果関係を判断する上で重要な基礎資料になる」と位置づけた上で、個別の事情を分析、原告一二八人全員を水俣病と認め、損害賠償を命じた。関西訴訟で、チッソに対して四分の一だった国・県の責任は一対一とした点も注目された。一方、食品衛生法による責任は認めなかったため、六人はチッソのみの責任となった。また、国・県は除斥の適用も主張したが、起算点を、原告側が水俣病と認識した「共通診断書による検診が行われた時点」としたため、全員が除斥の対象外となった。

続いて二〇二四年三月に熊本地裁が一・二陣の原告に対して判決を出した。「疫学調査のみで水俣病かどうかを認めることはできない」としたため、方向性は正反対に。個別の症状の分析でも原告側が依拠する共通診断書は信用性が乏しいとし、逆に公的検診録の信用性を認めたため、患者と認めるハードルは非常に高くなった。それでも一四四人のうち二五人は水俣病であることは認めたが、除斥について「発症時点が起算点」としたため、二五人も救済の対象外とされ、結果、一四四人全員の請求が棄却された。

翌四月には新潟地裁が一～四陣に対して判決を出した。「疫学的知見にそのまま依拠できない」とし、「共通診断書での判断は困難。公的検診録は信用性を否定すべき点は見いだしがたい」と熊本地裁同様に原告に厳しい考え方を採った。それでも個別の分析で、水俣病かどうかを争った原告四五人のうち二六人を水俣病と認めた。除斥の主張については「水俣病の発症時が起算点」としつつも「差別・偏見で水俣病と請求するには困難だったため、適用しない」と根源的な理由で除斥を排除した。

三地裁ともいずれも控訴され、高裁に舞台は移った。

〝門前の小僧〟の水俣病裁判史

今村建二

「こちら朝日新聞の今村さん。富樫先生のお弟子さんなんですよ」

二〇二二年四月に水俣支局に赴任して、水俣病の取材をしていると、ときどき、そんな紹介をされることがある。そのたびに冷や汗をかきながら「いえいえ、弟子なんてとんでもない」といって強く否定するのだが、決して謙遜ではない。

一九八九年四月から（諸般の事情もあり）五年間、熊本大学法学部に籍を置いた。その間でもっともお世話になったのが富樫先生であることは間違いない。そんなことを言うと、たいていの人からは「水俣病訴訟の第一人者から直々に教えを請うた人」と誤解されてしまう。「これは相当に詳しいに違いない」と。

大学時代、先生の専門の民事訴訟法のゼミをとったわけではない。当時、法学部には「私法コース」「公法コース」「総合コース」があったが、私が選択したのは「総合コース」でゼミは政治学。「私法コース」の民事訴訟法とは縁もゆかりもなかった。

それでも先生と出会えたのは「読書会」のおかげだ。

先生が選ぶ、大江健三郎やドストエフスキーの長編小説、はたまたエンデの児童文学『モモ』といった古今東西の名著に学生有志数人と挑み、議論する放課後のひとときは、大学時代でもっとも知的刺激に満ちた時間だったが、そのことを語り始めると紙幅がいくらあっても足りないので、ここでは割愛する。

私にとっての富樫先生は「読書会の師匠」ではあるが、水俣病の話を直接うかがう機会は〝ほとんど〟なく、「水俣病の裁判に詳しい人らしい」程度の認識しかなかった。

ただ、一瞬だが在学中に「水俣病の法律専門家・富樫」にふれる機会があった。それが一九九二～九三年度、わたしが四年生の時に開かれた「水俣病事件」と題した特殊講義だった。面と向かってうかがう機会のなかった先生の〝神髄〟を知る絶好の機会であり、喜んで受講した。そのときのテキストが、この本のもととなった「週刊読書人」での連載だった。

半年間の講義は濃密だったが、膨大な水俣病事件史からすれば、ごくごく一端を垣間見たにすぎない。「弟子」と名乗るにはあまりにもおこがましい学びの量だった。

ただ、おかげで水俣病事件で知っておくべき基礎はたたきこんでいただいた。なので、「習わぬ経」の一節をそらんじるくらいはできる「門前の小僧」にはなれたのではないだろうか。

一九九四年三月に大学を卒業した後、朝日新聞で記者として働き始めた。ここから水俣病の取材に精力的に取り組んだと言えば、「門前の小僧も立派になったものだ」と多少は胸を張れたのだろうが、そういう巡り合わせにはならなかった。むしろ翌九五年の政治決着で「水俣病は終わった」とさえ思った。日々の事件、わたしにとってはその後の記者人生に大きな影響を与えた、諫早湾干拓（長崎県）との出合いもあり、水俣病はいつしか私の関心領域から遠ざかってしまった。

ところが、二〇〇四年に関西訴訟最高裁判決、二〇〇九年には水俣病被害者救済法（特措法）による「第二の政治決着」と時折息を吹き返したかのように大きな水俣病のニュースが現れた。二〇一〇年代になっても散発的に水俣病の裁判の判決があり、そのたびに原告が勝ったり負けたりで一進一退が続いた。

いったい、これはどういうことか。

ニュースが出るたびに一応の知識をその場しのぎで吸収したが、断片的なものではまったく腹落ちしなかった。一〇年間もの長きにわたるデスク（内勤）時代を経て、現場記者への復帰を模索していたところ、偶然にも水俣支局赴任の命が下った。

二〇二二年四月に赴任し、水俣病を取り巻く状況を整理してみると、いまなお続いている裁判が長い水俣病事件史のなかでどういう文脈に位置づけられるのかを知ることが取材する上で重要に思えた。折しも翌二三年三月二〇日は水俣病一次訴訟判決から五〇年の節目も迎える。これもまたニュースとして発信する重要なテーマだ。そうした仕事に着手する上で〝門前の小僧〟の耳学問程度の知識ではとうてい不十分だ、ということは明らかだった。

すぐに思い浮かんだのが三〇年前の特殊講義だった。あのテキストを読み直し、改めて富樫先生に話をうかがう「学び直し」の必要性を感じた。

だが、この間、連絡を取ることはほとんどなく、先生とは疎遠になっていた。

久々に、しかし、おそるおそるご自宅に電話をしてみると、「ああ、今村君、元気かね」。約三〇年の空白などまったくなかったかのように話してくれる先生のお声が、大いにありがたかった。以後、ときどき先生のもとを訪ねて「学び直し」をさせていただいている。

「一次訴訟判決五〇年」をめぐる取材では当時の関係者にインタビューした。そのお一人が石風社代表の福元満治さんだった。熊大闘争に学生リーダーとしてかかわった福元さんは、「水俣病を告発する会」の末端メンバーとしてチッソ本社に突入したり、患者家族を支援したりしていた。当時のことをうかがいに石風社を訪ねると、「いやあ、このタイミングであなたが現れたのもなにかの縁ですね」とゲラ刷りの束を取り出してきた。特殊講義のテキストを出版用に体裁を整え直したものだった。

「これは書物として残した方がいいと先生にお願いしてゲラ刷りまでいっていたんだけれど、その後、作業がぱったり止まってしまいましてね」。途中、先生が大病を患ったこともあり、宙に浮いてしまい、そのままになっているというのだ。

まさに「なにかの縁」。

私が伝書鳩のごとく、ゲラ刷りを福岡から熊本に運び、作業が再開した。

本書は水俣病事件の入門編としてもすぐれた内容だが、複雑な裁判史を一冊で概観できる書物にもなってほしいと願った。もとの連載は水俣病一次訴訟で終わってしまうが、その後の膨大な裁判も理解できるよう、各裁判の概要とそれぞれへの富樫先生の見解を、これまでの論文や新聞へのコメントなどからまとめさせていただいた。年表と、作業の過程で行ったインタビューも添えさせていただいた。

本書のもととなった「週刊読書人」の連載は一九九二～一九九三年にかけて執筆された。第一の政治解決すらまだ迎えておらず、水俣病を取り巻く状況はこの後、さまざまに展開し、状況はさらに複雑になっている。にもかかわらず、未認定患者の救済が進まない状況、国が責任を回避しようとする根本的な構造など、今読んでも改めて気づかされる今日的課題が多い。

水俣病事件は長い歴史を反映し、非常に複雑だ。

訴訟をめぐっても同様で、補償協定にもとづく救済を求める立場と、補償協定よりも低額な救済も許容する立場にわかれる。国やチッソと患者側が対立するのはまだわかるが、患者同士で主張がぶつかり合う構造は一般の人にはわかりにくい。その複雑さを紐解こうとすると、一次訴訟における弁護団と支援者の対立にまでさかのぼらねばならない。訴訟の細かな方法論だけならいざしらず、一次訴訟で勝ち取った法律面の成果である「安全確保義務」と、そこから導かれる

「予防原則」についての評価も異なる。『水俣病にたいする企業の責任　チッソの不法行為』に結実した新しい過失論は準備書面として裁判所に提出されたが、後に弁護団は「汚悪水論」を主張。原因をメチル水銀に特定していた主張を、特定の必要はないと転換した。こうした対立が「安全確保義務」や「予防原則」が定着しない司法界の今日に影響を与えていないだろうかと素人ながらに気になるところだ。

第三者の客観的な評価にゆだねるためにも、新たな過失論を打ち立てた富樫先生が、どのような背景で水俣病と向き合い、どんな過程を経て理論構築したのかという記録を書物として残すことは大きな価値があると思う。

折しも『企業の責任』は、本書刊行と同じタイミングで石風社から〈増補・新装版〉として改めて世に出される。本書を「入門書」、『企業の責任』を「専門書」として、あわせてお読みいただければ、水俣病についての理解をよりいっそう深めていただけるのではないか。

〝門前の小僧〟としてもう一言、本書の意義を付け加えさせていただきたい。

一九九二、九三年度に熊大法学部で開講された特殊講義「水俣病事件」はメディアにも注目され、熊本日日新聞でも取り上げられた。九三年一二月五日付け朝刊「委細面談」では龍神恵介編集委員が「『水俣病』講義の手ごたえは?」と題してインタビューしている。

特殊講義を企画した意図について富樫先生はこう答えている。

「去年から今年にかけて『週刊読書人』に水俣病事件史を連載中でして、その内容を学生たちにも話してみようと考えましてね。自分がエネルギーを注いでいるテーマについて話をしないのは、教師としてそれでいいのかという気持ちがあったわけです」

「斎藤茂吉の言葉に『業余の業《わざ》』というのがある。茂吉はもともと自分は精神医学者であって、歌人としての仕事は『業余』であると言ったんです。民事訴訟法が専門の僕にも、何かそれに近い気分がありましてね」

メディアに登場するときの富樫先生の肩書は「民事訴訟法専攻」であるが、それでは十分に先生の業績を表現し切れないので、やがて「公害法」が付くようになる。時代が進んで「公害」の言葉が古くなると、「環境法」に置き換わる。それでも十分ではないが、ポイントはそこではない。「専門家」とされる人がおよそその役割を果たさず、むしろ「専門外」の人たちの活躍でことの本質が暴かれることがある。水俣病は、その先駆け的な事件だったと考えると、「専門」という名のたこつぼにこもり、およそ大局を見ない「専門家」であふれている今こそ、「業余の業」の大切さをかみしめる必要があると思う。

ちなみに、富樫先生でいえば、「業」が民事訴訟法で、「余」が水俣病ということになる。

だが、〝門前の小僧〟として見てきた先生の一番の専門は、ドイツ政治思想史の大家で、『ドイツ教会闘争の研究』（創文社　一九八六）『ナチ・ドイツの精神構造』（岩波書店　一九九一）といった名著を著し、「個としての自立」の大切さを説き続けている宮田光雄・東北大学名誉教授の精神を受け継いだ部分であると思っている。「読書会」も宮田先生のもとで体験した「神学」「政治思想」が基軸にあった。

私から見れば、「神学・政治思想」こそが富樫先生にとっての「業」で、その教えを生き方として実践した水俣病が「余」、民事訴訟法は「余の余」に過ぎなかったのではないかと思っていた。なので、今回の出版に際して、その点を改めて確認できたことも大きな「成果」であった。「専門」という殻に閉じこもらず、あらゆる分野に柔軟に貪欲に接し、権力や権威におもねることなく「個として自立」していたからこそ、新たな過失論にたどりつけたのではないか。そうした背景が本書で記録として残せれば、〝門前の小僧〟としては一番の喜びである。

水俣病関連訴訟年表

一九〇八　日本窒素肥料（チッソの前身）が水俣に工場進出
一九三二　水俣でアセトアルデヒドの生産開始。汚水を百間排水口から流し始める
一九五三　五歳の女児が発症。後に「第一号患者」と認定される
一九五四　熊本日日新聞に「猫てんかんで全滅／水俣市茂道部落／ねずみの激増に悲鳴」という記事。兆候を初めて伝えた記事とされる
一九五六　細川一・チッソ付属病院長が水俣保健所（伊藤蓮雄所長）に原因不明の奇病発生を報告。水俣病公式確認
熊本大学水俣病研究班が汚染源はチッソの工場排水が推測されると報告
一九五七　水俣保健所長がネコ実験で水俣湾の魚介類を与えることで異常が発生することを確認
熊本県が食品衛生法にもとづいて水俣湾の漁獲を禁止することを打診するも厚生省が困難と回答
一九五八　チッソの排水路が、百間排水口から八幡プールへ変更。被害が不知火海全域に広がる
旧水質二法が成立
一九五九　熊本大学研究班が有機水銀説を正式発表
細川院長によるネコ四〇〇号実験で工場廃水が原因で発症することを確認するも会社が実験中止を命令
厚生省の食品衛生調査会が水俣食中毒特別部会の報告にもとづき「水俣病の原因は魚介類中の

ある種の有機水銀化合物」と厚生相に答申するも、特別部会は翌日解散を命じられる
「安全な排水」を演出するサイクレーターをチッソが工場内に設置
死者三〇万円などの内容でチッソが見舞金契約（後の水俣病一次訴訟で公序良俗に反し違法と認定）

一九六二　水俣病患者診査協議会が一六人を胎児性水俣病と認定（前年に一人をすでに認定）

一九六三　熊本大学研究班が、原因物質はメチル水銀化合物と発表

一九六五　新潟県阿賀野川流域でメチル水銀中毒（新潟水俣病）発生

一九六七　新潟水俣病一次訴訟、新潟地裁に提訴

一九六八　新潟の原告や弁護士らが水俣に。水俣病対策市民会議（後の水俣病市民会議）が発足
水俣工場でアセトアルデヒドの生産終了
政府が水俣病を公害と認定

一九六九　水俣病を告発する会が結成
水俣病一次訴訟、熊本地裁に提訴
水俣病研究会発足

一九七〇　水俣病補償処理委員会の斡旋案を患者互助会一任派が受諾
入院中の細川氏へ臨床尋問。ネコ実験について証言
川本輝夫氏ら厚生省に行政不服審査請求
水俣病研究会がレポート「水俣病にたいする企業の責任」を発表。一次訴訟の原告準備書面として提出

一九七一　現地証人尋問で裁判官が工場や患者宅を訪れる
環境庁発足
新潟水俣病一次訴訟、新潟地裁で原告勝訴の判決（確定）
水俣病に典型的な症状のうち、いずれかがあり、有機水銀の影響を否定できなければ水俣病と認める環境庁事務次官通知
川本輝夫氏ら新認定患者家族がチッソと補償交渉。自主交渉闘争の始まり
一九七三　未認定患者の救済を求める水俣病二次訴訟、熊本地裁に提訴
水俣病一次訴訟、熊本地裁で原告勝訴の判決（確定）
訴訟派・自主交渉派、東京交渉団を結成、チッソ本社で新認定患者の補償と生活にわたる医療費、年金などの支給につき直接交渉
第三水俣病問題が発生。全国で水銀パニック
チッソが患者と補償協定締結
一九七四　水俣湾に仕切り網設置（一九九七年に撤去）
公害健康被害補償法（公健法）施行
一九七六　熊本地検がチッソ元社長と元工場長を業務上過失致死傷罪で熊本地裁に起訴（水俣病刑事訴訟）
認定業務の遅れを問題とする不作為違法確認訴訟、熊本地裁で原告勝訴（確定）。「二年」が認定業務の不作為の目安となる
一九七七　患者認定には複数の症状が必要と認定基準を厳しくする環境庁通知（七七年判断基準）。この後、大量の認定申請が棄却される

一九七九　水俣病二次訴訟、熊本地裁で原告一二人を水俣病と認める判決（福岡高裁に控訴）
水俣病刑事訴訟、熊本地裁で二被告に禁錮二年執行猶予三年の有罪判決（八八年に最高裁で確定）
一九八〇　国・熊本県にも損害賠償を求める水俣病三次訴訟、熊本地裁に提訴（その後東京、京都、福岡でも提訴）
一九八二　関西水俣病訴訟、大阪地裁に提訴
一九八五　水俣病二次訴訟、福岡高裁が「判断条件は厳格すぎる」と原告勝訴判決（確定）
一九八七　水俣病三次訴訟一陣、熊本地裁で行政の責任認め、全員勝訴
一九九〇　各地の裁判所（東京地裁、熊本地裁、福岡高裁、福岡地裁、京都地裁）が和解勧告
一九九二　東京地裁判決、行政の責任認めず
一九九三　熊本地裁の三次二陣判決、行政の責任認める
京都地裁判決、行政の責任認める
一九九四　関西訴訟の大阪地裁判決、行政の責任認めず
一九九五　村山内閣が一時金などでの「政治決着」を閣議決定
一九九六　各地の国賠訴訟が終結。関西訴訟のみ続く
二〇〇四　関西訴訟最高裁判決で原告勝訴。国・熊本県の責任が初めて確定。国の基準より広く被害を捉えたため、この後、患者の認定申請が増える
二〇〇五　ノーモア・ミナマタ一次訴訟、熊本地裁に提訴（その後大阪、東京、新潟でも提訴）
二〇〇七　水俣病被害者互助会が損害賠償求め、熊本地裁に提訴

二〇〇九　水俣病被害者救済特措法施行（第二の政治決着）
二〇一一　ノーモア・ミナマタ一次訴訟で和解成立
二〇一二　特措法申請打ち切り
二〇一三　二つの水俣病認定義務づけ訴訟で最高裁が、原告勝訴の判決。感覚障害だけでも患者と認める
　　　　　ノーモア・ミナマタ二次訴訟、熊本地裁に提訴（その後、大阪、東京、新潟でも提訴）
二〇一四　感覚障害だけの場合は、水銀汚染の証明を厳しく求める「新指針」を環境省が通知
　　　　　被害者互助会の損賠訴訟で熊本地裁判決。三人勝訴、五人棄却
二〇一五　水俣病被害者互助会が患者認定義務づけを求めて熊本地裁に提訴
二〇二二　水俣病被害者互助会、損害賠償訴訟が最高裁で敗訴確定。認定義務づけ訴訟は熊本地裁で敗訴（控訴）
二〇二三　ノーモア二次近畿訴訟で原告全員勝訴（大阪地裁、控訴）
　　　　　ノーモア二次熊本訴訟で原告全員敗訴（熊本地裁、控訴）
二〇二四　ノーモア二次新潟訴訟で原告一部勝訴（新潟地裁、控訴）

富樫　貞夫（とがし　さだお）

一九三四年生まれ。山形県高畠町出身
東北大学法学部卒業後、同大学助手
熊本大学法文学部講師、同大学法学部教授などを経て、現在、熊本大学名誉教授。水俣病研究会代表、一般財団法人水俣病センター 相思社理事長を歴任

著書『水俣病事件と法』(一九九五　石風社)
『〈水俣病〉事件の61年　未解明の事件を見すえて』(二〇一七　弦書房)
編著『水俣病にたいする企業の責任 ―チッソの不法行為』(一九七〇　水俣病を告発する会)
『水俣病事件資料集上・下巻』(一九九六　葦書房)
『〈増補・新装版〉水俣病にたいする企業の責任 ―チッソの不法行為』(二〇二五　石風社)

核心・〈水俣病〉事件史

二〇二五年三月二十日初版第一刷発行

著　者　富　樫　貞　夫
発行者　福　元　満　治
発行所　石　風　社
福岡市中央区渡辺通二―三―二十四
電　話　〇九二（七一四）四八三八
ＦＡＸ　〇九二（七二五）三四四〇
https://sekifusha.com/

印刷製本　シナノパブリッシングプレス

ISBN978-4-88344-331-4　C0036